2050
A IA e o que nos torna humanos

Marco De Prosperis

Corner Italiano LLC

DIREITOS AUTORAIS

2050

A IA e o que nos torna humanos

Publicado por Corner Italiano LLC
Springdale, Arkansas, Estados Unidos

ISBN 979-8-9972566-8-5 (brochura)

ISBN por idioma e formato

Idioma	**Brochura**	**EPUB**	**Audiolivro**
Italiano	9798997256609	9798952613003	9798952613072
English	9798997256630	9798952613010	9798952613089
Español	9798997256647	9798952613027	9798952613096
Français	9798997256654	9798952613034	9798952613102
Deutsch	9798997256678	9798952613041	9798952613119
Português	**9798997256685**	9798952613058	9798952613126
日本語	9798997256692	9798952613065	9798952613133

ISBN destacado: esta edição em brochura.

Capa: Corner Italiano LLC
Diagramação: Corner Italiano LLC

NOTA SOBRE OS PERSONAGENS

Os personagens mencionados neste livro, inclusive os recorrentes e os secundários, são fictícios. Nomes, biografias, diálogos e acontecimentos são inventados; qualquer semelhança com pessoas reais é mera coincidência. As cenas servem para tornar concretos dilemas coletivos e não descrevem casos clínicos, profissionais ou administrativos reais.

NOTA METODOLÓGICA

Este livro entrelaça três planos. Os fatos históricos, técnicos e normativos dizem respeito ao presente em que o livro foi escrito e estão documentados nas notas finais. As cenas com os personagens recorrentes são ficções narrativas ambientadas por volta de 2050, ao longo de um período de alguns anos, e organizadas por temas, não necessariamente em ordem cronológica. As propostas normativas e organizacionais, entre elas o gêmeo operacional, são hipóteses do autor: não descrevem o direito vigente nem pretendem ser previsões certas. Como as tecnologias, os padrões e as normas evoluem, as fontes indicam a versão e a data quando relevantes. O Teste 2050 é um quadro original para a deliberação, não um instrumento preditivo validado nem um procedimento de certificação. As notas numeradas identificam as evidências pertinentes às passagens factuais e especificam seus limites. Orientações institucionais, estudos empíricos, preprints e anúncios empresariais têm diferentes tipos de autoridade; uma fonte que documenta um anúncio ou recomenda uma salvaguarda não demonstra, por si só, um resultado.

SUMÁRIO

INTRODUÇÃO

O futuro não chega como uma notícia

Durante muito tempo, imaginamos o futuro como um limiar, uma data além da qual o mundo se tornaria claramente diferente, povoado por máquinas extraordinárias e novos tipos de decisão. Mas o futuro que realmente muda uma vida nem sempre parece distante. Ele entra em nossos hábitos, pedindo que o usemos mais uma vez. As transformações profundas avançam por acúmulo: uma funcionalidade acrescentada a um serviço que já utilizamos, uma sugestão que poupa tempo, uma previsão que se torna critério, um procedimento que ninguém mais se lembra de como executar manualmente. Quero tornar visível essa passagem enquanto ainda temos tempo de perguntar o que estamos entregando em troca da comodidade.

Imaginemos uma manhã qualquer. Uma funcionária pública abre uma lista de solicitações que o sistema já ordenou. Ela não vê um comando nem uma proibição: apenas três casos indicados como prioritários e um botão para confirmar. O algoritmo não decidiu formalmente, mas estabeleceu a ordem em que as pessoas entrarão no campo de visão da funcionária. Essa ordem determina quem receberá mais tempo. O caso de outra pessoa chegará quando o dia estiver quase terminando. A delegação começa com a disposição tranquila das coisas.

A inteligência artificial (IA) amplia capacidades reais. Torna uma explicação acessível, reconhece um sinal clínico, coordena uma rede complexa, traduz, propõe, cria variantes e reduz tarefas repetitivas. Justamente porque funciona, a pergunta decisiva não é se a máquina é favorável ou hostil ao ser humano. Quero saber quem atribui autoridade a essa capacidade e quem controla seu uso. A resposta importa sempre que um desempenho convincente passa a integrar uma decisão que afeta outras pessoas.

Um sistema percebe regularidades que nos escapam e, ainda assim, permanece incapaz de responder por seu significado. A assistência, por si só, não lhe dá mandato para decidir. Pode gerar um benefício e fazer o custo recair em outro lugar: sobre quem trabalha, sobre quem é medido, sobre um território, sobre uma instituição que perde competência ou sobre uma pessoa que já não consegue sair. A responsabilidade começa no ponto em que essas diferenças deixam de ser detalhes técnicos.

Para investigar esse ponto, o livro mantém três planos distintos. Os fatos históricos, técnicos e normativos dizem respeito ao presente em que o livro foi escrito e exigem fontes. As cenas com personagens recorrentes são ficções ambientadas por volta de 2050 e tornam perceptível uma escolha, sem afirmar que o futuro será assim.

Proponho o Teste 2050 como uma forma de examinar essas escolhas. A minimização da prova e o gêmeo operacional também são propostas minhas, abertas ao debate e à experimentação. Nenhuma delas descreve um marco jurídico que já seja uniforme ou uma solução que seremos obrigados a adotar.

A distância de 2050

Escolhi 2050 pela distância que nos oferece: longe o bastante para observar as consequências de escolhas que hoje parecem pequenas, perto o bastante para não podermos atribuí-las a uma humanidade diferente da nossa. Aqui, o futuro serve para colocar sob pressão decisões já presentes: o que automatizar, quais dados coletar, quais dependências aceitar e quem deve poder corrigir um resultado.

Entre hoje e 2050, capacidades e instituições mudarão, assim como regras e hábitos. Algumas promessas se concretizarão, outras serão retiradas ou mudarão de nome. As cenas não escolhem uma trajetória como destino. Imaginam um ponto mais adiante para que as decisões tenham tido tempo de deixar sedimentos, com competências perdidas ou cultivadas e dependências que se tornaram difíceis de desfazer. As formas de reparação também tiveram tempo de mostrar se funcionam na prática ou se não passam de uma formalidade. O ano estende o tempo da responsabilidade para além do lançamento e pergunta o que resta quando a exceção já não é rara, quem assinou não ocupa mais o cargo e uma solução provisória se tornou infraestrutura.

Mesmo sistemas mais capazes do que os descritos poderão errar, porque atuarão em ambientes que mudam enquanto são medidos. Uma rede de saúde atravessa epidemias e escassez de pessoal. Uma cidade muda à medida que mudam sua população e seus orçamentos. Uma organização modifica seus procedimentos em resposta às previsões que recebe. Reconhecer regularidades não congela o contexto. Quanto mais um sistema se insere no ambiente, mais contribui para transformá-lo; por isso, o que ontem era um sinal confiável pode se tornar o alvo de amanhã. Quando as pessoas se adaptam a ele, o incentivo começa a moldar um hábito.

Além disso, os dados não vêm de um mundo neutro. Instituições com recursos desiguais registram melhor quem é visível e traduzem em categorias situações que ultrapassam o que os formulários captam. Um modelo pode processar com precisão os dados que lhe são fornecidos e deixar à margem aquilo que não foi medido ou foi mal nomeado, bem como aquilo que uma pessoa não podia declarar. Aumentar a capacidade pode reduzir erros. As pessoas ainda precisam decidir quais ausências importam e quem deve supri-las, bem como quem pode contestar uma classificação construída a partir de um registro incompleto. Mesmo um sistema preciso, que trabalhe com rapidez e consistência, não determina quais riscos são aceitáveis, quanto vale esperar, quais custos podem ser transferidos ou quando um direito deve prevalecer sobre a eficiência. Essas escolhas continuam abertas à contestação, mesmo que a otimização se torne impecável. O mesmo vale para as exceções, que não são ruído a ser eliminado, pois às vezes a regra é inadequada. Às vezes, duas coisas que valorizamos entram em conflito, ou a pessoa diante de nós difere dos casos que moldaram a regra. Um sistema mais capaz pode reconhecer mais exceções sem, por isso, receber o mandato para decidir qual delas merece ser ouvida.

Em 2050, os erros poderão ser menos grosseiros e mais difíceis de perceber. Um resultado absurdo provoca alarme, ao passo que uma recomendação plausível, coerente com outros serviços e distribuída ao longo de uma cadeia de agentes competentes, pode se tornar invisível graças à qualidade do sistema. Cada etapa corrige alguma coisa e dilui a pergunta sobre quem interpretou o caso. O erro pode consistir em um objetivo adotado sem discussão, em uma exceção rejeitada com boas justificativas locais ou em uma dependência que torna a reparação disponível, mas inútil na prática.

Concebi o Teste 2050 para perguntar se uma delegação sobrevive às mudanças institucionais comuns. As contratações trazem novos fornecedores. Funcionários saem, e as atualizações alteram o funcionamento do sistema. Ao longo dessas mudanças, as pessoas devem continuar conseguindo identificar a finalidade da delegação e os limites de seu mandato, assim como os nomes de quem deve prestar contas.

As evidências devem continuar abertas ao reexame. Quem sofre um dano precisa de um responsável a quem recorrer, enquanto a instituição precisa de competência suficiente para interromper o serviço, se necessário. O Teste verifica se essa capacidade de correção se mantém mesmo em circunstâncias que ninguém previu.

As cenas formam um coro, não uma trama. Sofia e Amir se deparam com a facilidade de obter respostas e o esforço de julgá-las, enquanto Davide e Karim veem a eficiência a partir de posições opostas, entre o poder de suspender e o custo de contestá-lo. Elena e Matteo respondem pelo que cidades e repartições observam ou publicam. Luca e Teresa põem à prova a fronteira entre sinal, cuidado, companhia e presença. Suas histórias mostram, em escalas diferentes, a mesma responsabilidade.

O percurso vai das interfaces às instituições, da pessoa às infraestruturas. Primeiro, torna visíveis capacidades, evidências e dependências; um primeiro Interlúdio as reúne no Teste 2050. Atravessa o trabalho, a cidade, a universidade, a saúde, a verdade, a criatividade, as relações e os perfis. Um segundo Interlúdio expõe o método ao custo do controle e ao dano que permanece; por fim, o digital reaparece na matéria, nas cadeias produtivas, na memória e no ciclo das decisões. A pergunta diz respeito às condições em que pessoas e instituições conservam a possibilidade de escolher.

Chamo essa postura de esperança adulta. Ela não consiste em acreditar que toda inovação acabará melhorando a vida, nem em tratar cada risco como motivo para parar. Significa representar o benefício em sua melhor versão, ao mesmo tempo que se mede o que ele custa. Proteger quem tem menos poder às vezes exige uma decisão mais lenta, menos elegante ou rentável do que esperávamos. Uma esperança se torna adulta quando continua capaz de se corrigir e não pede aos mais frágeis que paguem em silêncio pela confiança dos outros.

É daí que nasce o método. Antes de delegar poder a um sistema, é preciso distinguir entre o que ele sabe fazer, a autoridade que recebe e as condições que permitem a pessoas e instituições corrigir a decisão. O primeiro Interlúdio transforma essa postura em sete perguntas para usar ao longo do livro.

Antes de atribuir autoridade a uma máquina, precisamos entender o que seu resultado de fato demonstra. Uma voz familiar nos dá motivos para escutar, mas também facilita confundir uma resposta plausível com compreensão. Pensemos de novo na funcionária diante da lista ordenada de solicitações. As pessoas perto do fim de sua tela ainda não tiveram a oportunidade de dizer se aquela ordem faz sentido.

PARTE I

Tornar visível

CAPÍTULO 1

Quando as máquinas aprendem a nos reconhecer

Uma máquina que parece nos compreender

A trajetória universitária mal começou. Quando Sofia abre o notebook para se preparar para uma prova difícil, não procura apenas informações. Pede a um assistente que diferencie dois autores, torne uma passagem mais clara e proponha um exemplo. A resposta chega em poucos segundos, organizada e segura. Sofia a lê até o fim, depois volta ao livro: uma citação não está no ponto indicado e uma diferença decisiva foi suavizada. A ferramenta lhe poupou tempo; para não perder o sentido, ela precisa reintroduzir o atrito.

Essa é a novidade cotidiana. Sistemas capazes de classificar, traduzir, reconhecer, prever e gerar passaram a integrar ações que associávamos ao pensamento. Não é preciso que pensem como nós para que seus resultados passem a integrar nosso pensamento. A mudança se esconde no caráter corriqueiro do gesto, em que a fluidez parece compreensão. Quando confiamos nessa aparência, começamos a permitir que a resposta tenha autoridade.

Dizer que uma máquina se tornou «como nós» pouco esclarece. Um sistema pode reconhecer um rosto ou escrever uma explicação sem demonstrar experiência pessoal ou intenções, nem responder por aquilo que produz. A semelhança do comportamento, por si só, não demonstra uma experiência interior. Essa cautela deixa em aberto as questões mais amplas sobre a consciência artificial. Para governar esses sistemas, devemos partir do que fazem e de onde falham, e então acompanhar os efeitos de seu uso.

Faço essa distinção porque ela evita um erro prático. Um termômetro mede com mais precisão do que nós sem saber o que é a febre, e um modelo pode identificar uma regularidade sem demonstrar que entende o significado do caso. Primeiro vem a capacidade: o que ele sabe fazer? Depois, a confiabilidade: até que ponto se sustenta no contexto? Só então se discute a autoridade: o que pode determinar e quem pode corrigi-lo. Saltar do desempenho para a última pergunta significa já ter entregado parte da decisão.

Alguns momentos da história da IA ajudam a explicar como chegamos até aqui, sobretudo aqueles em que as pessoas começaram a fazer uma pergunta diferente. Em 1950, Alan Turing propôs deslocá-la da interioridade inacessível da máquina para o comportamento em uma conversa. Era um movimento filosófico e teatral que deixava em aberto a questão da equivalência entre comportamento e compreensão e mostrava como era sedutor julgar a inteligência pela superfície pública dos efeitos. Essa cautela mantém sua atualidade sempre que a qualidade de uma frase nos faz esquecer como ela foi produzida. Poucos anos depois, a proposta de Dartmouth deu nome à inteligência artificial e propôs que aspectos da inteligência podiam ser descritos e reproduzidos computacionalmente.[1]

Em seu artigo de 1966 sobre ELIZA, Joseph Weizenbaum tornou concreta essa sedução. O programa identificava palavras-chave e aplicava regras para responder com perguntas ou frases compatíveis com uma conversa. Em uma de suas formas mais conhecidas, adotava o tom de um terapeuta não diretivo; assim, se o usuário falasse da mãe, ELIZA poderia convidá-lo a continuar falando dessa relação. O mecanismo era restrito, mas a troca de falas dava aos usuários a impressão de estarem sendo ouvidos. O programa parecia paciente e não julgava o que diziam. O episódio não demonstra que a máquina tivesse compreendido nem que as pessoas fossem ingênuas. Revela, antes, que a linguagem é uma cena cooperativa em que quem recebe uma resposta tende a preencher suas lacunas com intenções e lembranças de experiências. A resposta passa então a parecer atenta, sobretudo quando a interface ocupa um papel reconhecível. Também diante do assistente de Sofia, parte da compreensão percebida nasce dessa colaboração.[2]

A primeira fase privilegiou regras e símbolos. Em domínios delimitados, os sistemas manipulavam representações e seguiam procedimentos complexos. Foi muito mais difícil formalizar o conhecimento tácito com que as pessoas captam um contexto ou entendem uma piada, e as exceções eram particularmente difíceis de antecipar. Depois de fases de entusiasmo, vieram reduções de financiamento e de expectativas. Os «invernos da IA» lembram que um campo não avança apenas graças às ideias, pois também precisa de instituições com ferramentas e problemas adequados, além de dados e recursos computacionais.[3]

Nas décadas seguintes, boa parte da IA útil permaneceu especializada. Um sistema especialista era construído para um domínio circunscrito, no qual técnicos e profissionais traduziam parte de seu conhecimento em regras, o programa combinava essas regras e propunha uma conclusão. O perímetro também era uma vantagem, pois indicava quais perguntas o sistema tratava e quais dados esperava. Fora desses limites, era preciso recorrer novamente a uma pessoa. O limite aparecia quando a exceção não havia sido formalizada ou o contexto mudava. Não era simples manter aqueles mapas do conhecimento, e uma explicação organizada podia fazer uma base de regras parecer completa quando não era. A autoridade, portanto, derivava menos da capacidade de cálculo do que da instituição que decidia onde usar o sistema e quem podia contestá-lo.[3]

Essas desacelerações refletiam diferentes combinações de obstáculos técnicos, decisões de financiamento e expectativas que superavam os resultados. Ideias prematuras retornaram quando o terreno material mudou. A história da IA se assemelha, portanto, a uma costa recortada, não a uma linha ascendente, e ensina a desconfiar tanto das afirmações de inevitabilidade quanto do anúncio de que toda crise é um fim.[3]

Ao lado das abordagens baseadas em regras, outra linha de pesquisa buscava aprender com exemplos, em vez de receber todas as regras de antemão. No aprendizado de máquina, um modelo modifica parâmetros internos para reduzir o erro em casos observados e generalizar para casos novos. A vantagem é enorme quando há regularidades demais para serem escritas à mão. O limite, igualmente importante, é que os exemplos são uma seleção do mundo, construída por alguém para uma finalidade.[4]

As redes neurais profundas ampliaram essa capacidade ao aprender representações úteis a partir de grandes conjuntos de dados. O resultado da AlexNet em 2012 mostrou como algoritmos aprimorados transformaram o reconhecimento de imagens quando a capacidade de processamento permitiu trabalhar em maior escala. Embora não tenha sido um momento mágico nem a solução de todos os problemas, tornou industrialmente plausível uma estratégia em que mais exemplos e mais poder computacional podiam produzir desempenhos antes inalcançáveis.[5]

Em 2017, a arquitetura Transformer substituiu o processamento recorrente de sequências por um mecanismo de atenção que podia ser calculado em paralelo durante o treinamento. O sistema não «lê o ambiente» como uma pessoa; em vez disso, constrói dependências numéricas entre tokens, unidades que correspondem a palavras, fragmentos ou símbolos. Em grandes coleções de textos, essa arquitetura tornou possível treinar modelos versáteis, capazes de continuar textos e transformar a linguagem de muitas maneiras.[5]

Quando uma nova geração de assistentes conversacionais de uso geral chegou ao público, no fim de 2022, uma capacidade de laboratório se tornou uma interface comum. O salto não ocorreu apenas no desempenho. A linguagem acumulada em livros e manuais se tornou matéria-prima industrial para sistemas capazes de devolvê-la reorganizada. O mesmo ocorreu com a linguagem da web e das conversas. As pessoas podiam pedir uma primeira explicação ou fazer o sistema redigir ou traduzir algo. No mesmo gesto, a plausibilidade adquiriu a aparência de competência.[6]

Com os modelos de linguagem de uso geral, o perímetro permanece, mas se tornou mais difícil de enxergar. A mesma interface pode resumir um contrato, preparar uma aula, sugerir código ou responder a uma pergunta sobre saúde. A linguagem passa então a funcionar como um corredor comum entre domínios que antes exigiam ferramentas separadas.

Essa é a passagem do sistema especializado à linguagem como infraestrutura: uma forma de acesso que se insere em muitos processos sem que o sistema detenha por igual todas as competências. A vantagem é enorme, porque reduz a barreira de entrada. No entanto, cresce o risco de transferir a credibilidade conquistada em uma tarefa para a tarefa seguinte, na qual são necessárias outras evidências e os erros trazem consequências diferentes. A responsabilidade também muda com a tarefa.

Vista a partir dos anos em que vivemos, a revolução já tem o rosto da normalidade para Sofia. Falar com uma máquina em linguagem natural passou, em poucos anos, da ficção científica a um gesto preliminar: abrimos uma janela e formulamos um pedido antes de escrever, pesquisar, reservar, traduzir ou tentar compreender. A ficção havia preparado o vocabulário emocional do encontro, não a velocidade com que esse gesto se tornaria um hábito. A pergunta pública deslizou de «ela pode realmente nos responder?» para «por que não usá-la aqui também?» Uma tecnologia começa a modificar uma cultura quando deixa de exigir atenção e passa a ser usada como se sempre tivesse estado disponível.

O limiar cultural é tão importante quanto o técnico. Durante séculos, um primeiro rascunho mostrou ao menos que alguém sabia iniciar um raciocínio e dar forma a materiais dispersos. Agora ele surge em poucos segundos. Nem todos os rascunhos se tornam equivalentes, nem o discernimento necessário para avaliá-los se distribui automaticamente. Uma explicação inicial começa a parecer incluída no serviço. O que antes demonstrava a capacidade de começar pode agora refletir apenas o acesso. Estudantes, colegas e clientes redesenham assim o ponto de partida aceitável e o tempo que estão dispostos a lhe conceder. O valor migra para a qualidade da pergunta e o trabalho de revisão, com fontes pertinentes usadas para comparação e alguém responsável por sustentar o resultado. Essas atividades também recebem assistência, mas preservam um custo que a fluidez não absorve, porque alguém ainda precisa determinar se a resposta é verdadeira e se ela se sustenta.

Essa mudança tem um custo menos visível, porque um rascunho imediato faz o tempo gasto para verificá-lo parecer lentidão, e uma forma competente que quase nada custa faz a dúvida parecer ineficiência. A proliferação de variantes também deixa mais opções para alguém escolher e rejeitar. Sofia precisa descobrir onde a velocidade abre uma possibilidade e onde lhe deixa uma dívida de verificação.

As instituições enfrentam o mesmo problema. Uma escola que celebra o tempo economizado ainda precisa reservar tempo para a verificação, assim como uma empresa precisa fornecer recursos para a supervisão que seus funcionários realizam. A competência humana se torna menos reconhecível na primeira forma que aparece e mais exigente no percurso que torna possível confiar-lhe uma decisão.

Como as máquinas aprendem com exemplos

No vocabulário da IA, «aprender» indica a capacidade de construir representações e generalizar para além dos exemplos observados. Uma pessoa também aprende pela experiência corporal e pelas relações com outras pessoas, e cada novo aprendizado se insere em uma história de experiências anteriores. Usar a mesma palavra continua sendo útil se lembrarmos que classificar uma frase como promessa não demonstra que o sistema possua o contexto vivido dessa frase.

Esse limite já está presente nos dados, porque quem coleta os exemplos escolhe seu conteúdo e seus rótulos, decidindo quais ausências deixar invisíveis. Mesmo um conjunto vastíssimo de dados não oferece garantia de qualidade justamente no caso que importa. A automação desloca o julgamento humano ao longo de todo o processo, desde a definição do problema até a determinação de como um resultado entra em uma decisão.

Uma correlação pode ser valiosa sem explicar uma causa. Pode indicar onde olhar e, ao mesmo tempo, confundir um sinal com o fenômeno que gostaríamos de conhecer. Se o passado contém exclusões ou categorias imprecisas, o modelo pode reproduzi-las com uma precisão que parece neutralidade. Enxergar melhor o que já aconteceu ainda deixa o futuro em aberto.

A escala acrescenta uma segunda ambivalência. Um erro humano costuma ter alcance local, enquanto uma classificação automática pode ser replicada milhares de vezes antes que alguém reconheça sua forma. Mas a escala também torna acessíveis ferramentas antes reservadas a poucos, colocando ao alcance das pessoas competências raras e conteúdos traduzidos. A escolha entre entusiasmo e rejeição importa menos do que duas perguntas: que capacidade estamos usando e que custo a escala amplifica?

Modelos de linguagem autorregressivos preveem continuações plausíveis a partir do contexto e das instruções, usando capacidades moldadas por treinamentos posteriores. O resultado final é muito mais do que «escolher sempre a palavra mais provável», mas nem por isso o modelo se torna um arquivo que apenas recupera fatos verificados. Ele pode unir fragmentos coerentes a um tom adequado mesmo quando a explicação não corresponde às fontes. No caso dos modelos de linguagem, essa sequência — capacidade, confiabilidade, autoridade — se torna concreta. Gerar uma explicação coerente é uma capacidade real, embora a confiabilidade precise ser verificada no domínio pertinente, em confronto com fontes e falhas observáveis. Uma resposta útil para orientar o estudo de Sofia não se torna, por isso, base suficiente para avaliar uma pessoa ou orientar cuidados. Esse salto de autoridade vem dos usuários e das instituições, muitas vezes sem que o nomeiem, e não de dentro do modelo.[6]

Quando a linguagem se torna infraestrutura

Sofia usa o assistente porque ele lhe é útil: com essa ajuda, ela avança por um texto difícil e chega a uma fonte que, de outro modo, não teria consultado; a comparação entre termos orienta então a leitura. O acesso ao conhecimento se amplia quando o primeiro obstáculo já não exige horas nem um interlocutor imediatamente disponível.

A mesma fluidez, porém, cria uma nova assimetria. Sofia vê a resposta, não o percurso completo que a produziu. Não sabe quais fontes tiveram mais peso nem quais estão ausentes. Tampouco consegue ver quanto um exemplo depende da formulação de sua pergunta. A segurança gramatical preenche essas lacunas. A interface reduz o esforço necessário para fazer uma pergunta ao sistema no exato momento em que o resultado mais precisa ser questionado.

Durante o estudo, Sofia pede uma segunda versão e depois pergunta em quais passagens ela se baseia. O modelo oferece referências plausíveis, mas uma diz respeito a uma edição diferente e outra sustenta uma tese mais limitada. Não é uma rebelião da máquina nem uma mentira deliberada. É uma falha compatível com a maneira como o modelo gera suas respostas: produzir uma continuação coerente não garante que cada elemento tenha uma proveniência verificada.[6]

Esse tipo de erro é insidioso porque coopera com o desejo do usuário. Sofia quer entregar seu trabalho sentindo-se capaz de avançar. Uma resposta organizada lhe oferece informações e alívio no mesmo gesto. Se a verificação se transforma em um controle ritual no fim, a forma da resposta já orientou seu pensamento. A competência futura também começa por reconhecer quando a facilidade está se transformando em pressa.

Pedir ao sistema que declare sua incerteza ou explique a resposta pode ajudar, mas não lhe confere confiabilidade. A cautela expressa por um modelo não demonstra maior precisão, e a explicação gerada não coincide necessariamente com o mecanismo que produziu o resultado. Tom e justificativa são novos resultados a avaliar. Agir com responsabilidade exige comparações externas, com evidências pertinentes ao contexto. Uma pessoa precisa então distinguir a proposta do sistema daquilo que está disposta a sustentar.[7]

A cooperação observada com ELIZA retorna aqui de forma mais poderosa. Uma voz paciente e uma frase que antecipa a dúvida dão a sensação de atenção. A relação linguística desperta confiança e até medo de contradizer o sistema. Essa reação é real no usuário sem que isso comprove reciprocidade do outro lado.

O design importa tanto quanto o modelo. O peso da resposta muda conforme ela é apresentada: se fontes e limites estão visíveis, o usuário pode corrigi-la; atrás de um botão, a mesma resposta induz mais facilmente à aceitação. A interface atribui um papel ao sistema antes mesmo que um regulamento o faça.

Enquanto isso, os benefícios são concretos. Assistentes linguísticos tornam textos complexos mais legíveis, apoiam pessoas com deficiência, traduzem entre línguas, ajudam quem parte de competências menos consolidadas e liberam tempo antes dedicado a tarefas repetitivas. É por isso que se difundem. A questão é preservar o acesso sem tomá-lo por verdade. O contexto muda o peso do erro. Enquanto uma resposta imperfeita em uma tarefa de baixo impacto pode ser corrigida a baixo custo, a mesma segurança em uma de alto impacto pode influenciar uma exclusão, um tratamento ou um direito. O modelo mantém a mesma natureza de um setor a outro, mas a autoridade que lhe concedemos muda as consequências. Avaliá-lo significa observar tanto a frequência dos acertos quanto o que acontece quando falha.

Os resultados médios dos testes, por si só, não demonstram o desempenho nos casos que mais importam. Um modelo muito preciso no conjunto pode falhar em uma situação rara ou ao lidar com determinada língua ou categoria. Antes de lhe confiar uma função, é preciso testá-lo no contexto real, com atenção especial aos casos difíceis. Alguém também deve conservar a autoridade para suspender seu uso. A proveniência permite reconstituir a trajetória de um documento, mas não o torna automaticamente verdadeiro. A supervisão humana exige evidências pertinentes, competência, tempo suficiente para avaliar as evidências e discordar, e autoridade para modificar o resultado.

Sofia continua usando o sistema, mas lhe atribui um lugar preciso: explorar alternativas e preparar perguntas. Quando uma resposta se torna decisiva, volta à fonte ou busca outra avaliação, porque a comodidade da primeira etapa não determina o peso da última.

Ao fim da noite, ainda está atrasada no cronograma, mas sabe qual fonte sustenta a resposta e o que ainda é uma proposta do assistente.

Corrigir uma frase pode exigir apenas uma verificação leve. A supervisão de uma ferramenta usada para atribuir um fato deve incluir fontes, limites e um responsável que possa ser contatado, assim como deve ocorrer na avaliação de uma pessoa ou na sustentação de uma conclusão.

Esse limiar não pode ficar inteiramente a cargo do usuário individual. Se uma universidade adota uma ferramenta, deve esclarecer quais formas de uso apoia e quais fontes esses usos exigem. Os estudantes também precisam saber como a universidade tratará os erros. Sofia pode aprender a verificar, mas não deveria negociar sozinha com sistemas opacos enquanto compete com quem os utiliza sem cautela. A competência pessoal precisa de regras institucionais que não punam o tempo da verificação.

Sofia fecha a resposta gerada e deixa a fonte aberta. Ainda tem trabalho pela frente antes de alcançar o grupo. Ao menos para essa resposta, sabe onde procurar.

CAPÍTULO 2

Comprovar o suficiente, não tudo

Quando Sofia recebe a confirmação da bolsa de estudos internacional, a alegria dura poucos minutos antes de se transformar em trâmites administrativos. A universidade que a receberá precisa reconhecê-la, verificar a autenticidade de sua qualificação e confirmar a cobertura exigida. Cada pergunta tem uma razão. A maneira de formulá-la, porém, expõe mais do que o necessário. Sofia baixa certificados, fotografa documentos e repete dados já verificados por outros setores, como se só pudesse ser reconhecida no formato aceito pela última tela.

O problema aparece em muitos contextos, mas, para Sofia, é imediato. Para comprovar que tem uma qualificação, ela também entrega endereço, data de nascimento e números de identificação. Falta um campo irrelevante, e o arquivo é rejeitado. O setor que emitiu o certificado sabe que ele é autêntico. Aquele que o recebe não sabe como verificá-lo sem recomeçar. A confiança está fragmentada, e a estudante se torna a mensageira entre instituições que não se reconhecem.

Vivemos em uma economia da comprovação. Ter estudado é apenas o começo. Ainda precisamos demonstrar isso a alguém que não nos conhece. Quando atravessa instituições e fronteiras, a confiança se torna infraestrutura. Ela determina quem pode atestar um fato, quais informações devem circular, por quanto tempo são conservadas e o que uma pessoa pode fazer quando a prova é válida, mas o sistema a rejeita.

O custo oculto da confiança

Durante séculos, essa função pertenceu a instituições reconhecíveis, dos registros civis e tribunais às universidades e aos conselhos profissionais. No ambiente digital, essa função persiste em um número crescente de contas e arquivos, cada qual com seu próprio sistema de permissões. Cada serviço constrói sua própria maneira de reconhecer as pessoas, muitas vezes sem conseguir reutilizar atestações já verificadas em outro lugar.

Um acesso único evita filas, enquanto um arquivo reduz deslocamentos e uma verificação abrevia a espera. Se, porém, a mesma plataforma controla o acesso e guarda tanto o histórico quanto a reputação, a disponibilidade das provas passa a depender do reconhecimento pelo sistema e da estabilidade de suas regras. Uma conta é uma porta administrada por alguém. A identidade não se confunde com essa porta nem com o conjunto de atributos usados para reconhecê-la. Perder a conta se transforma, então, em perda de existência administrativa: Sofia conserva sua identidade, mas já não consegue demonstrar quem é no lugar em que isso importa.

O custo não se mede apenas em tempo. Cada cópia amplia a superfície de risco. Um documento solicitado para comprovar um único fato revela muitos outros, úteis em contextos diferentes, mas excessivos no contexto presente. No mundo físico, pareceria desproporcional entregar a carteira inteira para mostrar um bilhete. No ambiente digital, a rapidez torna a desproporção quase invisível.

Sofia também percebe um custo cognitivo: precisa se lembrar de qual versão enviou, a quem e com quais dados. Cada cópia é mais um lugar onde um erro pode sobreviver; a atualização feita pelo emissor não alcança as cópias já distribuídas.

Para corrigir um identificador, Sofia escreve para três setores. O primeiro atualiza o arquivo, o segundo pede que ela envie tudo novamente, e o terceiro continua vendo a versão anterior. A bolsa permanece suspensa por dois dias. Cada sistema contesta a prova que tem diante de si, e não a identidade de Sofia, sem conseguir realinhar os registros.

A credencial verificável

Um caminho diferente começa separando a pessoa do fato que ela precisa demonstrar. Uma credencial verificável contém declarações emitidas por uma entidade reconhecível e protegidas de modo que quem as recebe possa verificar sua proveniência e integridade. Nesse arranjo, uma universidade atesta uma qualificação. Em outro contexto, um órgão competente confirma uma qualificação profissional, ou um órgão público atesta um atributo dentro de suas atribuições. A verificação diz respeito à prova necessária, não à biografia inteira. Os papéis são três: o emissor, o titular que guarda e apresenta a credencial, e o verificador. Uma assinatura criptográfica permite confirmar que a atestação provém da chave associada ao emissor e não foi alterada, sem com isso transformar uma afirmação falsa em verdadeira nem tornar justa a instituição. A qualidade do fato subjacente continua dependendo das regras aplicadas e de como ele é verificado e corrigido.[8]

Identidade, autenticação e autorização respondem a perguntas diferentes. Quem foi reconhecido? Quem está acessando agora dispõe dos meios exigidos? O que essa pessoa pode fazer nesse contexto? Saber que uma pessoa é Sofia não comprova sua qualificação; saber que uma senha está correta não concede todas as permissões. Separar as perguntas limita os acessos e torna os erros mais fáceis de interpretar.[9]

A identidade digital não deveria ser uma cópia completa da pessoa nem coincidir com uma única carteira. Ela abrange os meios e os atributos pelos quais a pessoa é reconhecida. O contexto determina qual prova é apresentada, de uma qualificação a uma autorização ou à comprovação de ter mais de determinada idade. Para Sofia, uma credencial verificável bastaria para comprovar sua qualificação sem que ela precisasse enviar, a cada vez, o diploma e o documento de identidade completos. Padrões abertos e infraestruturas convencionais bem governadas podem sustentar esse modelo, no qual o sistema saberia o que é necessário para a bolsa, não tudo o que o arquivo deixa disponível.

O ciclo começa antes que Sofia apresente qualquer coisa. A universidade emissora verifica o registro acadêmico, mostra a ela, de forma legível, o que está prestes a atestar e indica o canal para comunicar um erro. A credencial da qualificação identifica a instituição e o curso que ela concluiu, com a data pertinente. Seu endereço fica de fora, assim como o documento de identidade e o histórico de acessos.

Sofia a recebe em sua carteira digital, mas a emissão não é um gesto irrevogável: continua dependendo de um emissor que precisa ser capaz de confirmar o estado da credencial e responder pelo que atestou.

Quando a universidade anfitriã solicita a prova, Sofia não envia o arquivo original nem dá acesso à carteira inteira. Ela seleciona os atributos necessários para aquela bolsa e vê, antes de confirmar, quem os receberá e com qual finalidade. O verificador confere a assinatura, a proveniência e o estado da credencial; depois, conserva o resultado da verificação segundo suas próprias regras, e não uma cópia indefinida de tudo o que Sofia possui. A apresentação leva poucos segundos; a proporcionalidade depende do trabalho realizado antes para limitar a solicitação, a resposta e a conservação.

O novo ciclo não elimina os erros. No resumo, Sofia vê que a credencial foi emitida antes que o identificador corrigido chegasse ao registro de qualificações. A assinatura é válida, mas o conteúdo está errado: a regularidade técnica torna mais difícil descartar o erro como se fosse apenas um arquivo corrompido. Sofia abre uma solicitação pela carteira; recebe um número de protocolo e um comprovante provisório que a universidade anfitriã pode verificar enquanto o emissor compara os registros. A bolsa não deveria permanecer suspensa apenas porque dois sistemas levam tempos diferentes para reconhecer a mesma correção.

O setor revoga a credencial errada e emite uma correta. Também torna consultável o estado da anterior, para que os verificadores que consultem seu estado atual possam ver que ela não deve mais ser usada. A revogação diz respeito àquela atestação, não à qualificação obtida por Sofia nem à sua identidade. O motivo também importa, porque um erro corrigido, o comprometimento da chave do emissor e um requisito temporário que deixou de ser atendido não são a mesma coisa. Um sistema que mostra apenas «inválida» protege a verificação técnica, mas pode transformar uma manutenção legítima em suspeita sobre a pessoa.[10]

Alguns meses depois, Sofia perde o celular durante uma viagem. O direito de levar consigo a prova não pode depender da capacidade de conservar para sempre um único objeto. Ela usa o canal de recuperação escolhido no momento da emissão, confirma a solicitação por um segundo meio e recebe assistência humana quando o novo dispositivo não passa por uma das verificações automáticas. O dispositivo antigo é excluído; as credenciais ainda válidas são disponibilizadas no novo sem obrigá-la a reconstruir os estudos documento por documento. A recuperação deixa um rastro e gera um aviso, pois um procedimento fácil demais favoreceria quem tentasse se apropriar de sua carteira digital.

Acompanhar a credencial ao longo dessas etapas desloca a avaliação da primeira aceitação para o ciclo inteiro. Importa quem responde pelo fato, quais atributos são apresentados e conservados, como um erro é corrigido e se a recuperação e a revogação não comprometem a própria pessoa.

Cada etapa atribui poder ao emissor, à carteira, ao verificador ou ao serviço de assistência. O ciclo protege Sofia quando esses poderes permanecem separados e visíveis para ela. Ela também precisa de um meio de contestar o uso de cada um deles.

Mostrar o necessário

No direito europeu, a minimização de dados exige que as informações tratadas sejam adequadas, pertinentes e limitadas ao necessário para a finalidade. Proponho a minimização da prova como uma tradução operacional desse princípio. Quem faz uma solicitação deve perguntar qual prova responderá à pergunta. Depois de verificada essa prova, a conservação do restante do arquivo precisa de uma justificativa própria.

A divulgação seletiva permite, nos sistemas que oferecem esse recurso, apresentar alguns atributos de uma credencial e manter outros ocultos. Amir, que tem dezesseis anos, deveria poder comprovar que tem a idade exigida para participar de um laboratório sem mostrar a data de nascimento completa, usando uma declaração de idade atestada pelo emissor ou uma prova derivada apropriada. O verificador recebe uma resposta à sua pergunta, não um convite para formular outras. Em alguns casos, as provas de conhecimento zero permitem demonstrar matematicamente que uma condição foi satisfeita sem revelar os dados dos quais deriva essa conclusão. Embora a técnica não seja magia nem solução universal, ela mostra o princípio importante de que verificar não precisa necessariamente significar copiar.[11]

Mostrar menos não garante, por si só, o anonimato, pois um identificador estável vincula interações diferentes. Solicitações repetidas ou detalhes do contexto podem revelar a conexão mesmo quando o identificador está ausente. A proteção depende da arquitetura inteira: quais informações permanecem no dispositivo, o que chega ao verificador, o que é registrado, por quanto tempo e com quais possibilidades de correlação.[11]

Transferir e recuperar provas

As provas devem poder passar de um verificador a outro, atravessando fronteiras ou migrando para outro dispositivo ou serviço sem perder significado nem obrigar Sofia a recomeçar. Formatos interoperáveis tornam possível a transferência, mas a portabilidade é medida quando algo muda, como quando um celular se perde ou um fornecedor encerra as atividades. Às vezes, o serviço continua funcionando, mas sua interface deixa alguém de fora. Entregar o controle a uma pessoa também significa oferecer ajuda quando esse controle se torna difícil de exercer. A recuperação precisa funcionar, e deve ser possível revogar credenciais erradas ou comprometidas. A assistência importa especialmente para menores de idade e idosos, assim como para pessoas com deficiência ou quem enfrenta uma emergência. Se a única prova válida desaparece com um objeto ou um serviço, o sistema transferiu para a pessoa o custo da própria dependência.

A assistência pode incluir uma delegação delimitada: uma pessoa autoriza outra para uma finalidade e um período definidos, com poderes visíveis, sem ceder senhas nem dispositivos. Na área da saúde, por exemplo, um acesso de emergência pode ser necessário quando o paciente não consegue se expressar; são necessários motivo, limites e verificação posterior. Expiração, erro e recusa automática devem, ainda assim, contar com uma via de retificação e com um responsável capaz de reabrir o caso. Receber assistência não anula a autonomia nem faz desaparecer quem recebe ajuda.

A ferramenta mínima suficiente

Escolher a ferramenta mínima suficiente significa começar pela responsabilidade, não pela tecnologia. Muitas vezes, basta um banco de dados bem projetado, com registros de acesso e procedimentos de correção sob a responsabilidade de uma instituição legítima que responda pelos erros. Quando organizações independentes precisam compartilhar o mesmo estado e nenhuma delas deveria poder modificá-lo sozinha, um registro distribuído pode ser útil. Uma blockchain é uma de suas formas possíveis, não um sinônimo de confiança digital. Em ambos os casos, o poder reside nas regras de governança, em quem é admitido como participante, no software e em quem pode intervir depois de um incidente. Ser difícil de modificar nem sempre é uma virtude. Informações pessoais e profissionais devem poder ser atualizadas, revogadas ou apagadas. Muitas vezes, é mais prudente manter os dados sob a guarda de quem responde por eles e trocar atestações ou provas. O problema deve determinar a arquitetura, uma escolha que também precisa levar em conta possíveis correções dos dados e a instituição que responderá por eles ao longo do tempo.[12]

Sofia se depara com essa regra quando lhe propõem um novo procedimento «para maior segurança» que duplica os mesmos dados em vários sistemas. Ela pergunta qual risco o procedimento reduz e quem corrige uma divergência. Ninguém sabe responder de imediato. A demora mostra que a ferramenta foi escolhida antes de o problema ser definido.

Registros e a veracidade de uma declaração

Amir percebe o limite em um projeto escolar sobre a cadeia de suprimentos de um produto. Cada etapa deixa um rastro organizado: proveniência, temperatura, transporte, controles. Então surge uma pergunta elementar: como sabemos que o primeiro dado é verdadeiro? Se o sensor estiver com defeito ou alguém inserir uma informação falsa, o registro poderá conservá-la com precisão impecável.[12]

A integridade demonstra que uma informação registrada não foi alterada às escondidas. Para saber se ela corresponde ao mundo, são necessárias verificações em campo, sensores confiáveis, responsabilidade dos operadores, comparações entre fontes e uma via de retificação. No caso de um registro contestado, o resultado dessas verificações também deve estar acessível a quem solicita a retificação.[12]

O limite também alcança as credenciais. Uma assinatura autentica fielmente uma qualificação concedida com critérios falhos; um sistema pode reconhecer com precisão a pessoa errada se o cadastro inicial for frágil. A regularidade formal se assemelha à certeza, mas a prova técnica precisa do respaldo de uma instituição que preste contas. A pessoa ainda precisa de um meio de contestar o resultado.

Garantias públicas para provas privadas

Em 2050, muitas verificações poderão ocorrer sem que Sofia sequer conheça os termos técnicos envolvidos. A simplicidade da interface, porém, não deve esconder as escolhas políticas. Quem estabelece os padrões? Quem credencia os emissores? Quem impede que uma carteira de credenciais se transforme em um sistema de perfilamento? Que alternativa tem quem não possui a ferramenta ou não consegue usá-la?

O quadro europeu de identidade digital prevê carteiras sob a responsabilidade dos Estados-Membros, uso voluntário e divulgação seletiva de atributos. Sua implementação depende de atos técnicos e padrões e não exige, por si só, uma blockchain. A regra importante é institucional: quando estão em jogo a identidade e os serviços essenciais, o setor público deve garantir acessibilidade, segurança, minimização, auditoria e possibilidade de recurso.[13]

Eu confiaria a uma universidade a tarefa de atestar uma qualificação sem lhe dar acesso às informações de saúde de Sofia. Um hospital tem outra responsabilidade ao guardar seu prontuário, e essa responsabilidade não se estende a acompanhar cada escolha dela. Projetar a confiança significa limitá-la por finalidade, concedendo autoridade suficiente para cumprir uma função, mas não para construir um olhar permanente.

Existe, contudo, um limite. Nem tudo o que merece confiança pode se tornar uma credencial: a confiabilidade construída ao longo do tempo, o cuidado de um vizinho, a coragem de admitir um erro não cabem por inteiro em um registro. Uma sociedade obcecada por provas corre o risco de confundir o que pode ser documentado com o que tem valor.

A ficha de Sofia se torna breve. O que preciso comprovar e quem pode atestar isso? Qual é a quantidade mínima de dados necessária? Ela também pergunta se pode levar a prova consigo e recuperá-la ou corrigi-la quando necessário. Por fim, alguém precisa responder se a atestação estiver errada. Essas perguntas mantêm a confiança e limitam seu alcance. Identificam um responsável e uma via de reparação sem exigir uma cópia excessiva da pessoa.

Quando a credencial finalmente é aceita, Sofia não se entusiasma com a arquitetura. Por trás da tela, os fornecedores tiveram de chegar a um acordo sobre padrões e procedimentos, e suas redes tiveram de transportar a prova. Ela vê o resultado desse trabalho em uma solicitação menor da universidade. Sua qualificação foi verificada. O restante de seu arquivo continua sendo dela.

CAPÍTULO 3

As infraestruturas invisíveis

O dia em que o mundo para sem fazer barulho

A maneira mais simples de compreender uma infraestrutura digital é encontrá-la quando ela para de funcionar. Certa manhã, Sofia está prestes a fazer um exame online, e o sistema de autenticação rejeita a credencial que havia aceitado no dia anterior. Não há fios rompidos nem sirenes. A tela limpa mostra um círculo girando e uma mensagem sem sujeito: serviço temporariamente indisponível.

A professora tenta reabrir o acesso, mas não tem permissão. O suporte da universidade vê que o curso está ativo, mas não sabe por que o serviço de identidade não responde. O fornecedor da plataforma informa um problema em um componente externo. Um gesto aparentemente único — entrar na sala de aula digital — depende de várias organizações e dos sistemas que elas operam sob contratos distintos. Nenhuma das pessoas presentes controla o conjunto inteiro.

Para Sofia, até aquele momento, os benefícios dessa cadeia eram evidentes: estudar em lugares diferentes, acessar materiais sincronizados, fazer avaliações rápidas e usar ferramentas acessíveis. A falha revela o custo operacional dessas vantagens. Se a universidade não tem a quem recorrer nem uma alternativa pronta para acionar, até reconhecer a comprovação já apresentada se torna difícil. Nessas condições, a conveniência se transforma em dependência no momento em que mais importa.

Graças a um procedimento local, o exame começa — com atraso, mas começa: uma lista assinada, uma cópia mínima da credencial e o envio posterior. É uma solução imperfeita que impede que a falha do sistema se transforme automaticamente em culpa da estudante. As pessoas que tornaram o exame possível por meio de um procedimento local fazem parte da infraestrutura da universidade.

O dado percorre uma cadeia

Enquanto o exame demora a começar, Sofia descobre que o portal não usa «os dados» como se fossem uma substância única. A matrícula vem de um cadastro; a identidade, de outro serviço; o curso e a sessão, da plataforma. Atributos, documentos, sinais, registros e metadados seguem percursos e tempos diferentes. Cada etapa pode melhorar o serviço ou criar uma dependência. A pergunta útil acompanha o percurso: que dado se move, para qual função e sob qual controle em cada etapa.

O exame exige comprovação de matrícula e acesso ao curso, além de uma sessão válida. Mesmo essa comprovação mínima falha se os sistemas não conseguirem trocá-la ou se um nó se tornar indispensável.

Os dados orientam diagnósticos, logística, aprendizado e serviços públicos. Os benefícios crescem quando fontes diferentes são relacionadas. Mas também cresce a necessidade de saber de onde vieram os dados e quão bem representam a situação pertinente. A conexão também precisa de autorização. Um valor correto em um cadastro pode se tornar incorreto durante a transferência ou obsoleto em uma cópia, enquanto seu significado pode se tornar ambíguo fora do contexto em que foi coletado. As dependências informacionais também são organizacionais. Quem corrige um atributo? Quem avisa os sistemas que já o receberam? Qual versão prevalece? Uma cadeia sem um responsável definido transforma uma divergência em peregrinação, na qual cada setor encaminha a pessoa ao setor anterior, e ela precisa provar mais uma vez que continua sendo a mesma.

Durante a espera, Sofia começa a desenhar a cadeia em uma folha de papel: universidade, serviço de identidade, plataforma de exame, cadastro de matrículas, rede, suporte. Sofia não precisa compreender cada protocolo para perceber que a palavra «sistema» abrangia uma cadeia e que cada seta correspondia a uma permissão, um contrato ou uma possibilidade de erro.

Ao lado de cada seta, Sofia escreve quatro perguntas: de onde vem, para qual finalidade, qual versão, quem corrige? Um dado não conserva automaticamente o mesmo significado enquanto viaja: ao alimentar limiares e classificações, passa a integrar o contexto em que uma decisão é tomada. Por isso, o mapa deve mostrar quem pode retificá-lo e contestar o resultado, além de quem o detém.

Onde a nuvem funciona

A nuvem oferece capacidades que muitas organizações não poderiam desenvolver sozinhas: recursos elásticos, atualizações, backups, segurança especializada e distribuição geográfica. Pode ser mais confiável do que servidores locais negligenciados. A metáfora da nuvem, porém, oculta o fato decisivo de que esses serviços se apoiam em data centers e redes sob determinadas jurisdições, sustentados por equipes operacionais e regidos por contratos. Para uma universidade que transfere um serviço para a nuvem, assim como para um hospital ou uma empresa que faz o mesmo, a decisão diz respeito a como o serviço continuará funcionando e quanto isso custará, além de quanta autonomia conservar. Embora a terceirização possa melhorar a qualidade, torna-se cessão de capacidade quando não há mais ninguém dentro da organização que saiba descrever as dependências essenciais, avaliar uma mudança ou sustentar um modo alternativo de operação.

A concentração torna alguns fornecedores excepcionalmente competentes e, ao mesmo tempo, importantes para o sistema como um todo. Um incidente pode se propagar de um componente aparentemente secundário para muitos serviços dependentes. Ao nome do fornecedor principal, deve-se acrescentar o conhecimento dos subserviços críticos: identidade, pagamentos, notificações, análises, armazenamento, chaves e conexões externas.

Os contratos definem tempos de resposta, com disposições para registros e auditorias, além de transferência e encerramento. A promessa de exportar os dados, porém, deve alcançar tudo o que mantém o serviço em funcionamento: identidades, permissões, configurações, automações e registros. Mover os arquivos sem conseguir reconstruir o processo preserva a dependência. A interoperabilidade precisa ser testada na prática. É aqui que nasce a questão da soberania, que mais adiante assumirá uma escala geopolítica. Ela se torna concreta se um fornecedor muda as condições. A instituição precisa saber quais funções não podem ser perdidas e qual margem de ação conserva. Precisa de competência e alternativas suficientes para negociar sem descobrir tarde demais que a possibilidade de escolha desapareceu. Construir tudo internamente não é uma exigência.[14]

A localização dos dados e os rótulos «soberano», «confiável», «federado» ou «híbrido» também descrevem apenas parte do problema. É preciso saber quem administra as chaves e as atualizações, quem pode acessar os dados, onde são feitas as cópias, que leis se entrelaçam e quais padrões viabilizam uma transferência. Um mapa útil localiza os fluxos e identifica os papéis junto com sua autoridade.

Ler aquele mapa torna Sofia uma usuária menos passiva, sem transformá-la em engenheira. Ela tem todos os motivos para perguntar por que o acesso ao exame depende de um serviço externo. Se esse serviço falhar, quem aciona a alternativa? Sua credencial continuará válida em outra plataforma? A lucidez sobre a infraestrutura começa com perguntas que uma pessoa sem formação técnica tem o direito de fazer.

API, plataformas e objetos conectados

Uma interface de programação de aplicações (API) é um conjunto de regras de conversa entre sistemas. Permite que um serviço solicite a outro um mapa, uma verificação, um pagamento ou uma autorização. Essa modularidade acelera o desenvolvimento, porque as organizações combinam componentes especializados sem construir um sistema monolítico. Essa mesma força se torna frágil quando muda o formato, ou o preço, ou as condições de acesso.

As plataformas tornam essas relações fáceis de usar e difíceis de enxergar. Os procedimentos se adaptam à sua lógica, e as relações e competências se desenvolvem dentro dela. Mesmo quando os dados são exportáveis, pessoas e processos podem conhecer apenas um ecossistema. Essa dependência cognitiva cresce por meio de pequenas conveniências; por isso, sair significa reaprender o trabalho, não apenas mover arquivos.[14]

Os dispositivos conectados acrescentam mais uma camada. Uma fechadura conectada entra em uma cadeia de decisões ao informar o que detecta e receber instruções. Pode melhorar a segurança ou ajudar alguém a receber cuidados, ao mesmo tempo que torna a manutenção mais oportuna. Depois de instalada, porém, tende a desaparecer no pano de fundo. A governança deve alcançar o fornecedor e o software ao longo de toda a vida do dispositivo, abrangendo a duração das atualizações, o comportamento sem conexão e a substituição final.

A segurança é manutenção rotineira: inventário de componentes, credenciais gerenciadas, atualizações disponíveis, segmentação da rede, pessoas responsáveis e procedimentos para quando um dispositivo não responde. Um dispositivo barato pode se tornar o ponto mais caro da cadeia se ninguém acompanhar seu ciclo de vida.[15]

Até a conexão que leva uma solicitação à API é um serviço composto. Pode atravessar redes locais, redes troncais terrestres ou submarinas, pontos de troca de tráfego, torres e satélites, cada qual com seus proprietários, jurisdições e prazos de reparo. Dois percursos nominalmente distintos podem compartilhar um ponto de chegada, uma fonte de energia ou um operador e permanecer vulneráveis à mesma interrupção. A redundância deve, portanto, ser avaliada pelo percurso, pelas dependências compartilhadas e pela capacidade residual, não pelo número de conexões declaradas.[16]

No relatório sobre a falha, a universidade não se contenta com o nome do fornecedor principal: registra que sistema se comunicava com qual outro, que dados trocava, qual subserviço deixou de responder e quem podia intervir. O mapa atribui a falha a um responsável e mostra se uma dependência técnica também é econômica, contratual ou geográfica. Sofia não precisa ler o protocolo; tem, porém, o direito de saber qual elo impediu seu acesso e qual alternativa existe.

O que nos sustenta, o que podemos consertar

A resiliência começa pela função que uma falha não pode eliminar. Para Sofia, isso significa poder fazer o exame na janela prevista sem ser excluída por um erro remoto.

A continuidade não preserva necessariamente todas as funcionalidades: o modo degradado é um serviço deliberadamente mais restrito, com limites declarados. Em uma clínica, a função essencial e o tempo aceitável seriam diferentes.

Esse serviço reduzido depende de pessoas no local que o acionam, verificam o mínimo necessário, registram as exceções e reconciliam os dados quando o sistema retorna. Essa é a competência residual: preserva contexto e autoridade suficientes sem replicar o fornecedor e, assim, evita que a organização espere por ele às cegas. Várias pessoas devem compartilhar essa competência e praticar seu uso, mantendo seus conhecimentos regularmente atualizados à medida que o serviço muda.

A portabilidade responde a um problema diferente. Dados, identidades, permissões, configurações e registros devem continuar utilizáveis fora do ambiente principal, sem prometer que o serviço permaneça inalterado. Uma exportação legível, embora seja uma condição, ainda não demonstra que a organização saiba retomar o trabalho. O teste de saída transforma essa possibilidade em ação: exportar, reconstruir a configuração essencial, concluir um caso representativo e depois voltar, reconciliando o que mudou. Além do tempo gasto e dos erros cometidos, mede a carga de trabalho humano e identifica os subserviços que continuam indispensáveis. Um plano nunca executado continua sendo uma esperança contratual.

O trabalho manual residual tem valor e precisa de recursos. Os procedimentos locais dependem de competências não automatizadas e de pessoas que se lembram por que um processo existe, e tudo isso exige treinamento e tempo, com substitutos disponíveis. Quando o modo degradado depende da improvisação da professora e do suporte, a continuidade transfere essa dívida para eles. O orçamento deve pagar pelo treinamento e por colegas que assumam o trabalho enquanto as pessoas aprendem. Também deve financiar a manutenção do procedimento local.

As infraestruturas também moldam o tempo. A disponibilidade contínua eleva a expectativa de imediatismo. A latência passa a parecer culpa de alguém. Por trás da interface, porém, profissionais de manutenção e operadores precisam escolher com que rapidez agir enquanto mantêm o serviço seguro. Suas instituições precisam decidir o que a continuidade exige quando essas demandas entram em conflito.

Plataformas e nuvem podem continuar sendo a opção mais confiável e proporcional. A decisão se torna governável quando os nós críticos e seus responsáveis são conhecidos, a recuperação é testada e a alternativa recebe recursos. Uma dependência é compreendida se a instituição sabe que benefício oferece, como falha, quem intervém, quanto dura a recuperação e sobre quem recai o custo.

Após a falha do serviço, a universidade muda o procedimento. Não promete que a autenticação nunca falhará; designa um responsável, testa o modo local e estabelece que uma falha externa não cancele automaticamente a sessão. Sofia recebe uma comunicação menos reconfortante do que as habituais: indica o que pode quebrar e o que acontecerá nesse caso.

Durante o teste, o serviço de identidade não responde. O suporte abre o registro local, a professora verifica a lista e o representante do fornecedor recebe uma notificação com o horário exato. Em até seis minutos, a sessão do exame é retomada. Ninguém resolveu o problema da rede; a universidade impediu que um nó remoto decidisse sozinho o resultado do exame.

No entanto, manter a sala aberta não basta para salvar a sessão. O modo degradado redistribui o custo. Um estudante que precisa pegar o último ônibus para voltar para casa entrega a prova sem relê-la; uma trabalhadora conseguiu uma janela de duas horas em seu turno, não uma tarde inteira; quem usa recursos de acessibilidade descobre que a cópia local preserva as perguntas, mas não todas as configurações necessárias.

Enquanto isso, a professora interrompe a correção das provas e reconstitui as identidades e os horários, enquanto o suporte telefona para as pessoas uma por uma. Ninguém é formalmente excluído, mas a continuidade favorece quem tem dispositivos de reserva quando também dispõe de tempo e flexibilidade suficientes.

No relatório, a universidade registra os atrasos e o trabalho adicional, incluindo os recursos de acessibilidade perdidos durante o teste. Reabre o exame para quem não conseguiu concluí-lo, sem exigir que justifique a dificuldade novamente. As adaptações já autorizadas são incluídas na cópia local, e a equipe recebe remuneração pelo tempo adicional. A simples realização do exame foi uma evidência insuficiente de sucesso. O modo degradado precisa proteger a função essencial e, ao mesmo tempo, tornar visível quem arcou com o custo de mantê-la disponível.

Para Sofia, a diferença é concreta. Antes, via um portal; agora, vê uma cadeia de dados, fornecedores, permissões e pessoas. Conhece apenas parte dos detalhes e sabe onde procurar a próxima pergunta. Uma boa interface continua simples sem fingir que o mundo por trás dela também é simples.

Três meses depois, o segundo teste mostra que a continuidade não se mantém sozinha. A lista local contém matrículas canceladas e omite mudanças de sala. A professora que conhecia o procedimento está ausente, e o novo funcionário encontra duas versões sem saber qual vale. A sessão recomeça, mas o relatório ao reitor designa para cada teste um responsável pelos dados e uma segunda pessoa que não participou do exercício anterior. Nos testes seguintes, as falhas mudam. Permanece a obrigação de medir a deterioração e corrigir as permissões, ao mesmo tempo que se restringe o mandato quando a recuperação se torna mais lenta.

No próximo exercício, o segundo funcionário terá de trabalhar com a lista atual, em vez de recorrer à memória de um colega. O relatório agora torna explícita essa responsabilidade. Saberemos se esse arranjo se mantém no próximo conjunto de matrículas canceladas e mudanças de sala, quando alguém tiver de conciliá-las antes do início do exame.

INTERLÚDIO I

O Teste 2050

Sete perguntas antes de delegar

Numa manhã de 2050, uma pessoa autoriza um serviço com um gesto mais rápido que uma pergunta. A interface é clara e promete comodidade. O sistema, porém, pode sugerir ou agir, usar uma credencial ou reconstruir uma biografia, errar de modo corrigível ou causar um dano antes que alguém o detecte. A simplicidade do gesto não revela a delegação que está ocorrendo.

Proponho o Teste 2050 como uma forma de avaliar uma delegação enquanto seus termos permanecem compreensíveis e abertos à contestação, e enquanto ainda é possível sair. Leis e avaliações de impacto continuam a se aplicar, ao lado de auditorias e competências especializadas. O Teste toma suas perguntas de instrumentos já existentes — avaliações de impacto algorítmico, o AI Risk Management Framework do NIST, a ISO/IEC 42001, os deveres de supervisão humana do AI Act — e acrescenta quatro regras próprias. Não calcula uma pontuação, de modo que uma condição Bloqueante nunca é diluída numa média. Registra por escrito o modo de delegação, para que o «apoio» não passe a decidir por padrão. Trata a Saída como uma pergunta de primeira ordem, avaliando a dependência antes que ela se forme. E funciona na escala de uma decisão: uma enfermaria, um porto ou um escritório podem usá-lo sem um departamento de conformidade. O Teste não oferece um certificado de que uma tecnologia seja «ética». Eu o uso para reunir condições que uma promessa de eficiência tende a separar.[17]

O Teste completo usa os sete nomes com a inicial maiúscula e numa ordem estável: Finalidade, Mandato, Evidência, Distribuição,

Dano, Recurso, Saída. Se um capítulo aplica apenas parte das perguntas, ele as introduz com «Entre as perguntas do Teste...»: isso não equivale ao Teste completo.

O Teste abrange o ciclo de vida completo, não apenas a autorização. Deve ser repetido quando mudam o modelo, os dados, o fornecedor, a escala de uso ou as pessoas responsáveis e, em qualquer caso, até o prazo estabelecido. O reexame compara as respostas anteriores com os benefícios observados, as exceções, os tempos de intervenção, os recursos e o teste de saída. Uma resposta Suficiente pode se degradar por dependência, sobrecarga ou opacidade: deve continuar sendo possível restringir o Mandato, corrigir o procedimento ou interromper a delegação antes que uma escolha revogável se torne inevitável.[17]

1. Finalidade — Que problema real resolve e para quem?

A Finalidade identifica uma necessidade observável, quem se beneficia se ela for atendida e um critério de melhoria. «Usar a IA» ou reduzir um custo não basta, sobretudo se esse custo for transferido para quem não pode se opor. É preciso comparar a alternativa menos invasiva e o custo de não intervir. Uma capacidade em busca de justificativa não define um problema.

2. Mandato — Auxilia, Propõe, Decide ou Executa?

As modalidades descrevem uma autoridade crescente: Auxilia organiza elementos; Propõe oferece uma opção; Decide seleciona um resultado; Executa age sobre o mundo ou sobre direitos. Cada passagem exige limites adequados, uma pessoa responsável e um procedimento de escalonamento. Um sistema chamado de «apoio», mas cujas decisões são ratificadas por uma pessoa sem tempo, competência ou poder suficientes, opera de fato no modo Decide. O Mandato abrange os dados, além da ação: o que o sistema pode coletar, conservar e inferir, por quanto tempo e com qual base legal. Um modo que exige dados que a pessoa não concordou em fornecer representa um Mandato mais amplo do que o registrado por escrito. Quando a delegação é pessoal — um companheiro, um memorial, um aplicativo de saúde —, a pessoa concede o Mandato a um fornecedor. A pergunta passa a ser o que o fornecedor pode fazer sem perguntar de novo, como mudar o modelo, a voz, o preço ou as condições, e o que a pessoa pode revogar.

3. Evidência — Em quais evidências se apoia?

A segurança com que a resposta é apresentada não basta. São necessários dados ou fontes pertinentes, desempenho medido no contexto, limites conhecidos e elementos compreensíveis para quem é afetado pelo resultado.

A resposta à pergunta Evidência registra se a compreensibilidade foi verificada no tempo disponível e, nos casos mais opacos, compara o resultado com o de um sistema realmente independente. A explicação deve dar à pessoa elementos suficientes para verificar o resultado e responder a ele, inclusive pedindo uma correção. O sigilo e a complexidade não retiram a decisão do controle.

4. Distribuição — Quem se beneficia, quem paga e quem pode se opor?

Cada sistema distribui tempo e trabalho, além de poder e risco. É preciso ver quem recebe o benefício e quem é excluído ou mal representado. Também precisamos saber quem provavelmente não será ouvido ao contestar. A conta deve acompanhar o trabalho adicional e os recursos consumidos, incluindo também os efeitos sociais e o custo da governança. Uma eficiência que transfere o risco para os menos protegidos não é neutra. A possibilidade de se opor começa por saber que um sistema está em uso: uma pessoa que não é informada não pode se opor.

5. Dano — O que acontece quando erra?

A pergunta Dano considera a falha plausível: gravidade, extensão, reversibilidade e, sobretudo, o tempo até o dano — o intervalo entre o erro e uma consequência difícil de corrigir. Os sinais de alerta, a interrupção e a contenção devem anteceder o dano. Se o sistema agir mais rapidamente do que as pessoas conseguem compreendê-lo ou detê-lo — se o tempo de intervenção for maior que o tempo até o dano —, o Mandato é Bloqueante nessa velocidade de operação e deve ser restringido até que o tempo de intervenção seja menor que o tempo até o dano.

6. Recurso — Uma pessoa pode contestar e obter uma revisão efetiva?

O Recurso não é uma caixa de seleção nem uma resposta automática que repete o resultado. A pessoa deve saber o que aconteceu, ter acesso às razões pertinentes e chegar, em tempo hábil, a um revisor competente, com autoridade para modificar o resultado. Quando necessário, a correção deve alcançar os dados ou o procedimento a montante, além do caso individual.

7. Saída —
É possível interromper sem perder direitos essenciais?

Saída significa poder interromper o sistema, voltar atrás, mudar de fornecedor ou escolher uma alternativa praticável. Exige portabilidade, interoperabilidade, reversibilidade e um teste periódico do plano. Se a recusa implica perder trabalho, cuidados de saúde, educação ou um serviço essencial sem uma alternativa proporcional, o consentimento é apenas formal. A Saída inclui os dados: o que é excluído, o que é devolvido em formato utilizável e o que o fornecedor pode conservar. Três medidas tornam a Saída verificável: o custo da troca, em tempo e dinheiro; um teste de portabilidade efetivamente realizado, com sua data; e a parcela da tarefa que a organização ainda consegue executar manualmente.

Os três estados da resposta

Cada resposta recebe um estado. Suficiente significa que as evidências e as condições sustentam uma decisão dentro do perímetro definido por escrito. Não resolvida exige uma pessoa responsável, uma verificação e um prazo. Bloqueante impede a delegação até que a condição mude. Esses estados qualificam a resposta, não o produto: dizem se a delegação pode prosseguir, não quão desejável é o sistema.

Não se calcula uma média. Qualquer resposta Bloqueante implica Não delegar antes do uso e Interromper durante o uso. Sem respostas Bloqueantes e com pelo menos uma Não resolvida, o resultado é Limitar e testar, com efeitos reversíveis e com uma pessoa responsável, evidências, um prazo e um mecanismo de interrupção já definidos por escrito. Com todas as respostas Suficientes, Prosseguir passa a ser permitido, com condições e uma data de reexame; não é obrigatório, e a decisão fundamentada de Não delegar continua disponível. Quando estão em jogo saúde, liberdade, renda, educação, identidade, serviços essenciais ou segurança, uma resposta Não resolvida em Mandato, Dano, Recurso ou Saída conta como Bloqueante.

Não delegar também pode causar dano. Adiar a adoção de um sistema capaz de reduzir uma espera pode deixar sem esse benefício quem dispõe de menos alternativas. O dano da ação costuma ser visível e atribuível. O dano da espera se dispersa entre filas e oportunidades perdidas, alcançando pessoas que nenhuma decisão chega a nomear. Eu consideraria o Teste incompleto se tratasse a inércia como uma posição neutra.

Por isso, o custo da não adoção deve ser estimado com a mesma disciplina aplicada ao dano produzido pela adoção. Finalidade, Distribuição e Dano examinam os dois caminhos: quem se beneficia ou espera, quem arca com o custo, qual é o tempo até o dano, quais evidências sustentam a estimativa e qual medida de reparação ainda está disponível. Karim, no capítulo 5, mostra como a cautela alheia se transforma em tempo subtraído de sua vida. As evidências das duas alternativas nem sempre são simétricas, e a pressa pode inflar os benefícios prometidos. A incerteza continua Não resolvida, mas não atenua uma condição Bloqueante nem inventa Recurso, Saída ou autoridade para interromper.

Mesmo Prosseguir mantém condições e uma data de reexame. Os demais resultados regem o limite sem transformá-lo num fracasso da inovação.

A ficha mínima

Antes do uso, uma ficha breve identifica o sistema e o contexto e registra, para cada pergunta, as evidências e o estado. Também registra o custo da não adoção — quem espera, por quanto tempo, com qual dano —, com seu próprio estado, que alimenta Finalidade, Distribuição e Dano, e o tempo até o dano estimado em comparação com o tempo de intervenção medido. Indica a pessoa responsável, os limites, o mecanismo de interrupção e a data de reexame e conserva a decisão e suas razões.

A ficha acompanha a documentação técnica. Cada uma das sete perguntas mantém sua própria resposta, identificando, para quem consulta a ficha, a pessoa responsável por ela e as evidências que essa pessoa usou.

O Teste é uma proposta. Será validado da única maneira pela qual instrumentos assim o são: sendo preenchido, comparado entre casos e corrigido. As fichas do Centro de Recursos existem para esse fim, e publicarei o que elas mostrarem.

PARTE II

Governar a delegação

CAPÍTULO 4

O trabalho que permanece humano

A produtividade e seus limites

Davide chega ao escritório antes dos demais, como já costumava fazer dez anos antes, mas o silêncio que encontra em 2050 já não é o de um lugar ainda vazio. Durante a noite, os sistemas reorganizaram as prioridades, simularam a demanda, reescreveram rascunhos de propostas, sinalizaram riscos contratuais e propuseram variações de preço. Também sugeriram uma reorganização do trabalho: menos horas para quem demora a responder, mais tarefas para quem encerra os processos rapidamente. O painel apresenta o plano como um ganho líquido. Davide, porém, reconhece alguns nomes. Sabe que uma resposta rápida nem sempre é uma boa resposta e que os casos mais difíceis deixam registros piores justamente porque exigem mais tempo. O trabalho preliminar foi feito. Agora Davide precisa decidir se confia no plano, onde desacelerar e sobre quem recairia o custo de uma eficiência mal calculada.

Durante anos, o futuro do trabalho foi narrado como uma disputa entre pessoas e máquinas. A transformação real é menos teatral. Uma profissão perde algumas tarefas e ganha outras. Os empregadores passam a organizar e remunerar o trabalho de outra forma, e a base pela qual uma pessoa conquista reconhecimento muda junto. A unidade a observar passa a ser como as atividades são distribuídas e sobre quem recaem a autoridade e o risco, e não o posto de trabalho considerado como um todo indivisível. O trabalho permanece central porque a possibilidade de planejar uma vida segura depende da renda e da reputação que ele proporciona. Quando uma competência construída ao longo de anos passa a ser assistida ou se torna comum, alguém ganha tempo e poder de ação. Em outro ponto do mesmo local de trabalho, um colega pode perder margem de manobra ou oportunidades de aprender, com menos poder para contestar o novo arranjo. A pergunta do capítulo é concreta: quando as atividades mudam, quem assume a responsabilidade e quem absorve o erro?[18]

A grande mudança: das atividades às responsabilidades

Durante muito tempo, muitos trabalhos foram definidos pelo conjunto de operações que os compunham: redigir relatórios, conferir faturas, ler documentos, responder a solicitações, organizar compromissos, planejar turnos, acompanhar prazos. Essas etapas intermediárias não eram apenas burocracia. Eram também o lugar em que a competência se formava: saber onde olhar, o que pôr em ordem, qual exceção reconhecer, quem avisar antes que um erro se transformasse em dano.

A automação avançada desloca o centro de gravidade. Muitas operações intermediárias são executadas pelos sistemas com qualidade e rapidez suficientes para mudar a organização, mesmo sem serem melhores em termos absolutos. Assim, o valor humano migra das atividades isoladas para responsabilidades mais amplas: formular a pergunta certa, compreender o contexto, interpretar uma exceção, proteger uma relação, assumir o risco de uma decisão, parar quando tudo sugeriria acelerar.

Uma coisa é produzir dez relatórios por dia. Outra é entender quais merecem confiança, quais de fato mudariam uma escolha e quais escondem um erro que o modelo não enxerga.

Na empresa de Davide, uma jovem colega recebe em poucos minutos a estrutura de um dossiê que antes teria aprendido a construir corrigindo rascunhos com base nas fontes. O resultado é melhor do que muitas primeiras versões, e o cliente poderia recebê-lo mais cedo. Davide, porém, se pergunta que raciocínio permanece invisível quando uma pessoa vê apenas o resultado.

Na sexta-feira seguinte, Davide lhe entrega um dossiê já concluído e mantém oculta por uma hora a síntese automática. Não pede que ela imite o trabalho de dez anos antes. Pede que identifique as fontes decisivas, assinale a hipótese mais frágil e explique qual informação mudaria a recomendação. Quando reabrem a síntese, duas conclusões coincidem; a terceira, não. O sistema tratou como comum uma restrição contratual rara. A colega não produziu mais páginas: aprendeu onde uma resposta plausível deixa de se sustentar.

O exercício passa a fazer parte do calendário, ao lado da troca com uma pessoa experiente e da possibilidade de assinar gradualmente partes do trabalho. Encontrar um erro exige tempo protegido. Explicá-lo a outra pessoa e acompanhar sua correção até o fim também. Esse tempo passa a fazer parte do produto, mesmo que o cliente não o veja. Nem toda lentidão merece proteção. Esta, sim, porque desenvolve a capacidade de contestar o que o sistema produz.

A mudança também alcança quem dirige. Se o planejamento e a síntese são assistidos, liderar não pode se limitar a aprovar o que o painel ordena. Davide precisa proteger o tempo em que a colega aprende e, ao mesmo tempo, explicar por que esse tempo reduz a margem do trimestre. Quanto melhor funciona a coordenação automática, mais importa quem tem autoridade para interrompê-la e justificar uma exceção. Alguém também precisa arcar com o custo dessa decisão.

No depósito onde Karim trabalha, o sistema atribui docas, sequências de carregamento e tempos previstos. Uma pessoa recém-contratada vê no dispositivo portátil a ordem correta e poderia concluir o turno sem saber por que certos volumes não devem ser colocados lado a lado ou por que uma cinta aparentemente bem esticada precisa ser verificada de novo depois de poucos quilômetros. Karim interrompe o fluxo, mostra o peso deslocado para um dos lados e faz refazer a sequência. O painel registra sete minutos acima do padrão; não registra a competência que esses minutos estão formando.

Tarefas comprimidas, discernimento redistribuído

A transformação não divide as profissões entre as destinadas a desaparecer e as destinadas a sobreviver. Dentro da mesma profissão, algumas tarefas se comprimem e outras ganham peso. Algumas tarefas são facilmente padronizadas, enquanto outras dependem muito das relações e do contexto ou trazem consequências que tornam difícil absorver um erro. Diante dessas diferenças, quem preserva o acesso às razões e a autoridade sobre as exceções tem uma vantagem decisiva.

Nos escritórios, comprimem-se a preparação de rascunhos padronizados, a inserção de dados e as conciliações. Nos trabalhos técnicos e de relacionamento, os sistemas podem reduzir a burocracia enquanto organizam sinais e propõem diagnósticos. Em cada um desses casos, ganha peso o trabalho menos classificável. Negociar e ouvir se somam ao trabalho de reconstruir uma exceção. Se a organização confunde a automação de algumas funções com a irrelevância do papel inteiro, perde as pessoas capazes de perceber onde o caso deixa de se parecer com o modelo. Entre a execução e a decisão final também existem funções intermediárias que podem facilmente parecer meros elos de passagem: quem coordena um turno, prepara um dossiê, traduz uma solicitação técnica, confere uma entrega ou conecta dois setores. Se o sistema absorve a transferência de informações, a função não precisa necessariamente desaparecer, pois pode atribuir a alguém a responsabilidade pelas exceções e pela verificação das dependências em que o trabalho se apoia. Preservar a história das correções que de outro modo desapareceria é mais uma responsabilidade dessa função. Para que isso aconteça, porém, a função precisa de autoridade e reconhecimento, e não de uma nova lista de alertas a processar.

Quando esse nível é eliminado apenas por não produzir um resultado final, os problemas chegam mais rapidamente a pessoas que dispõem de menos contexto para compreendê-los. O dirigente recebe uma síntese limpa, enquanto quem está diante do cliente recebe uma exceção sem história. A economia aparece em uma coluna, enquanto o trabalho de reconstrução reaparece como espera e telefonemas. Decisões são adiadas enquanto alguém recompõe a história. Transformar uma função intermediária significa, então, perguntar que conhecimento ela transportava e onde esse conhecimento deve permanecer depois da automação.

Nem mesmo o arbítrio merece proteção. A discricionariedade competente exige razões registradas e abertas à comparação com casos semelhantes, além do poder de corrigir um resultado. Reduzir o capricho e o erro repetitivo por meio da automação não exige eliminar a escuta e as exceções. O limiar depende das consequências, já que um rascunho interno pode ser corrigido, enquanto uma avaliação profissional ou a atribuição de um turno pode retirar renda antes do reexame. Quanto mais rápido o efeito, mais necessários se tornam o tempo para verificar e a autoridade efetiva para mudar o resultado.

A fratura invisível: quem sobe e quem escorrega

A automação promete menos erros e mais tempo para trabalhos que antes pareciam fora de alcance. A fratura surge quando benefícios e custos seguem em direções opostas. Algumas pessoas ganham poder de ação e renda, com maior autonomia sobre o próprio trabalho. Outras são empurradas para funções mais precárias e vigiadas de perto. A linha divisória não acompanha apenas o nível de escolaridade. Também passa entre quem pode modificar o processo e quem só pode se adaptar a decisões definidas em outro lugar. A formação contínua não pode ser uma ordem dirigida ao indivíduo. Horas de aprendizado dentro da jornada de trabalho, acesso a tutores e casos reais, reconhecimento da experiência e percursos viáveis para quem trabalha ou cuida de uma família são custos da transição. Se a empresa obtém produtividade hoje e transfere esses custos para o trabalhador, uma transformação coletiva é apresentada como insuficiência pessoal.[19]

Karim percebe a diferença quando a empresa introduz um novo sistema de planejamento. O primeiro curso é oferecido no fim do turno, sem remuneração, e as vagas são destinadas a quem confirma a participação até o fim do dia. Participam sobretudo as pessoas com horários estáveis; quem recebe a escala a cada dia precisa escolher entre a formação e um possível turno. Depois de um mês, a conclusão do curso passa a figurar entre os critérios para obter as melhores atribuições. Uma oportunidade formalmente aberta já separou quem dispõe do próprio tempo de quem precisa vendê-lo uma hora por vez.

O programa muda quando os trabalhadores expõem esse mecanismo de seleção. Os exercícios passam a ocorrer dentro de turnos remunerados, com substituições previstas e vários horários para o mesmo módulo; a experiência de campo conta como ponto de partida, e não como desculpa para dispensar o aprendizado. Karim apresenta dois casos em que a rota sugerida teria exposto a carga a um risco evitável. Não recebe um prêmio por ter razão: recebe tempo para tornar seu critério utilizável também pelos demais. Assim, a formação deixa de medir a disponibilidade privada e começa a construir uma capacidade comum.

Os ganhos de produtividade podem dar às pessoas tempo ou renda e sustentar a formação e a segurança. Também podem acabar inteiramente nas mãos de quem possui o sistema. Um contrato ajuda a determinar quem recebe esses ganhos. «Produtividade» ainda não nomeia um benefício, pois é preciso dizer para quem, em que intervalo e com quais custos transferidos. Quando as vantagens e a adaptação se separam, os trabalhadores perdem atribuições e correm o risco de perder autonomia e a narrativa com que aprenderam a explicar seu lugar no mundo. Nenhuma organização pode prometer estabilidade eterna. Deve anunciar as mudanças com antecedência suficiente para que as pessoas se preparem, oferecendo caminhos para novas funções que reconheçam quanto de sua experiência continua útil. A responsabilidade pela transição recai sobre quem redesenha a função e não pode ser transferida para quem corre o risco de perdê-la.

Medir o desempenho do sistema

Muitas tecnologias não se limitam a auxiliar o trabalho: tornam-no legível em um nível de detalhe antes impensável. Para governar essa visibilidade, é preciso distinguir três operações. O monitoramento dos trabalhadores reconstitui pausas, movimentos, entregas e desvios; a verificação do sistema pergunta se os dados e as sugestões realmente melhoram o trabalho nas condições declaradas; a confiança profissional permite que uma pessoa competente se afaste da indicação, explique por quê e obtenha um reexame sem ser punida por cada desvio. Confundir essas operações transforma o teste da ferramenta em vigilância contínua de quem a utiliza.

Uma central de atendimento pode reduzir a duração das chamadas sem resolver os problemas. Uma equipe pode aumentar as entregas enquanto oculta riscos. Nos dois casos, a medição registra o grau de alinhamento das pessoas com a meta, ao passo que a verificação exige buscar efeitos colaterais observáveis e contraexemplos. Alguém também deve ter autorização para suspender a métrica caso essas verificações ponham em dúvida sua validade.

No escritório de Davide, o número de processos encerrados recompensa inicialmente quem aceita o rascunho sem reabri-lo. Uma trabalhadora que confere três anexos e telefona para o cliente parece menos produtiva do que quem conclui o processo em poucos minutos. Quando o grupo reexamina os casos, descobre que os processos dela exigem menos correções e geram menos contestações. O primeiro indicador não mentia: de fato contava os encerramentos. Foi a decisão de usá-los como medida do bom trabalho que transformou um dado parcial em julgamento sobre a pessoa.

Davide não substitui a contagem por um retrato ainda mais invasivo. Acrescenta ao painel danos evitados e tempo de aprendizado, ao lado de amostras de qualidade e processos reabertos, para verificar se o sistema serve à finalidade declarada. A pessoa avaliada pode levar o caso que a média oculta a alguém autorizado a mudar a métrica antes que ela afete a distribuição dos turnos. Assim, a ferramenta é posta à prova sem exigir que a pessoa torne transparente cada minuto.

Quem é afetado por uma métrica deve saber que o sistema influenciou o resultado, poder corrigir os elementos inexatos e ter acesso, em tempo hábil, a quem pode mudar esse resultado. As garantias vigentes variam conforme o setor e o ordenamento jurídico. Aqui, o parâmetro adotado tem alcance mais limitado. Por confiança profissional, entendo dar à pessoa espaço para justificar um desvio e registrar a razão. Alguém com autoridade real examina então essa razão, em vez de tratar o próprio desvio como uma falha.[20]

Quem realiza a tarefa enxerga exceções e atalhos perigosos ausentes dos dados iniciais. Envolver essa pessoa na concepção leva esse conhecimento para as regras e os registros usados para aplicá-las, além de ajudar a definir quando um caso deve ser reaberto, sem lhe dar poder de veto sobre a inovação. A organização pode, então, aprender com aquilo que a métrica não havia previsto, em vez de registrar cada desvio como culpa.

Sobre quem recai a responsabilidade

A empresa deve dar forma concreta a essas práticas. O reexame considera os benefícios esperados e os danos evitados, perguntando como a renda e a qualidade são afetadas e o que muda para o aprendizado, ao mesmo tempo que designa quem pode suspender uma métrica e quem deve prestar contas à pessoa afetada pelo resultado. O acompanhamento e a análise ocorrem dentro da jornada de trabalho, ao lado da manutenção que mantém o sistema útil, de modo que o custo da prudência aparece nas horas que a empresa efetivamente remunera.

Davide volta à proposta daquela manhã. A economia prometida depende de fatores que os trabalhadores não podem conhecer e de casos complexos tratados como mera lentidão. Suspende o plano e reúne o grupo para reexaminá-lo antes que horários e avaliações mudem. O trimestre perderá margem, e ele terá de explicar essa decisão a quem esperava o ganho. Para os trabalhadores, o reexame determina como seu tempo será valorizado quando chegar o próximo caso difícil. No calendário, permanece vazio o espaço em que o painel já havia inscrito o ganho.

CAPÍTULO 5

Governar a cidade que observa

O mandato do olhar público

Às sete e vinte da manhã, Elena entra na sala de reuniões da prefeitura. Na tela, o projeto do novo polo logístico aparece como uma promessa bem ordenada: menos caminhões nas ruas residenciais, entregas coordenadas, menor consumo de energia e tempos de resposta a emergências reduzidos. Perto do fim da apresentação, uma nota técnica enuncia a condição que mantém o pacote coeso. As câmeras do polo, dos pontos de acesso e das ruas próximas deverão relacionar rostos, deslocamentos e registros de acesso para construir perfis de risco. «Se separarmos a identificação do restante, o fornecedor recalcula os prazos e o preço», diz a diretora de compras. Elena olha o mapa do bairro de Karim e pede que ainda não assinem.

Os municípios sempre coletaram dados censitários, registros, mapas cadastrais, estatísticas de saúde e dados de consumo. Em 2050, porém, sensores e redes transformam o registro em ação quase imediata: um semáforo muda de ritmo, uma linha de transporte altera a frequência, uma equipe parte antes da falha e um bairro entra em uma categoria de risco. Menos tempo de espera e danos evitados são benefícios concretos. Essa capacidade pode alterar serviços e suas prioridades antes que os moradores percebam o que mudou. Usar os mesmos sinais para fiscalização eleva ainda mais os riscos, de modo que o mandato não pode ser deduzido da capacidade técnica.

Cada sistema urbano registra aquilo para o qual foi construído. Uma mesma ferramenta registra o trânsito sem captar o medo de atravessar uma rua, ou conta as entradas em um parque sem explicar por que algumas pessoas deixaram de frequentá-lo. Até o tempo de deslocamento silencia a humilhação de quem precisa trocar de transporte três vezes. Começo pelo mandato do olhar público: o que uma administração pode observar para servir, e o que deve escolher não transformar em perfil?

Coordenar os serviços públicos

O passo decisivo consiste em conectar infraestruturas antes separadas. Instalar sensores e aplicativos ou acrescentar um painel não estabelece, por si só, essas conexões. Quando o transporte e os serviços locais dialogam com a rede elétrica e os sistemas de água e se conectam ao planejamento climático, a coordenação pode devolver tempo e prevenir falhas. Também pode tornar disponíveis para muitos usos dados coletados com uma finalidade mais restrita. Em cada passagem, alguém deve poder apresentar o ato que autoriza a reutilização e informar quando ele expira; esse ato também deve identificar quem tem autoridade para interromper o uso.

Integrar significa escolher dependências. Uma plataforma que reúne mobilidade e serviços com pagamentos e identidade simplifica a vida. Se a plataforma usa formatos fechados ou contratos opacos, mudar de rumo se torna caro, assim como acontece com interfaces revogáveis. Padrões abertos e competências internas ajudam a administração a preservar a portabilidade e fazer cumprir o mandato autorizado pela comunidade.

Nenhuma dessas capacidades exige um cérebro urbano onisciente. A ideia de uma central de comando que vê tudo e corrige tudo confunde coordenação e obediência. A vida urbana é conflituosa e irregular. Um modelo central inevitavelmente reduz parte dela. A administração aprende ao pôr seus critérios à prova diante de exceções visíveis e, então, modificar aquilo que produz exclusão. No contexto urbano, esse trabalho permite corrigir a classificação de um bairro antes que ela altere serviços e ações de fiscalização sem uma decisão reconhecível.

Karim percebe a diferença durante o turno. O sistema de entregas lhe indica um percurso mais rápido e depois o penaliza por uma parada que o modelo registra como inatividade. Ele havia parado porque um garoto de bicicleta atravessara de repente o ponto de acesso. O recurso exige tempo, e a penalização reduz por alguns dias sua prioridade na atribuição de turnos, mas o registro acaba sendo corrigido. O erro do algoritmo não tem nada de excepcional. Aqui, o que importa é a regra: a cidade e a empresa devem decidir se uma medição pode se transformar em julgamento antes que a pessoa tenha como responder.

Quatro semanas depois da correção, outra parada abre o registro da carga. Ao ver uma amarração defeituosa, o supervisor liga para o depósito e encerra o caso sem retirar o turno, de modo que os onze minutos se tornam verificação, não inatividade. Quando o fornecedor propõe restringir as justificativas aceitas porque as paradas registradas estão aumentando, os motoristas mostram três danos evitados graças àquele procedimento. A empresa então separa o tempo de entrega do dano evitado, garante quarenta minutos remunerados para discutir os casos e permite que o responsável pela segurança suspenda o uso do indicador quando falta documentação.

Durante um trimestre, a produtividade declarada cai. A renda que Karim já perdeu não volta. Sua contestação passa a fazer parte do funcionamento da instituição quando muda a métrica e o tempo remunerado para reexame. Outros agora compartilham a autoridade para questioná-la.

Serviços essenciais, custos distribuídos

A mobilidade torna visível a distribuição dos benefícios. O planejamento dinâmico e o transporte público podem reduzir a espera e o trânsito. Mas, se quem paga consegue sempre comprar tempos de viagem menores, enquanto uma linha periférica, uma parada usada por poucas pessoas idosas ou um trajeto acessível mais lento são considerados ineficientes, a otimização faz a qualidade do serviço depender da renda e do endereço, além da idade e da deficiência. O mandato público deve preservar o acesso aos destinos cotidianos, como a escola, mesmo quando o serviço não é rentável. Deve declarar quem recebe os minutos economizados e quem continua gastando mais tempo.

Na moradia, sensores e manutenção preditiva podem sinalizar uma falha. Para uma pessoa vulnerável, são aliados, mas se tornam um meio de observação contínua quando proprietário, condomínio, seguradora e prestador de serviços podem fazer usos distintos dos mesmos sinais. A fronteira política não passa pelo sensor em si, mas por quem recebe os dados e pela possibilidade real de recusar um uso adicional sem perder um serviço que mantém a pessoa segura ou pôr sua moradia em risco.

O acesso à sombra revela a mesma fratura. Sensores e modelos climáticos podem antecipar intervenções antes que o calor ou a fragilidade das redes produzam danos mais graves. Se a proteção sempre chega primeiro aos bairros com mais voz e recursos, a previsão amplia a distância que deveria ter reduzido. Até um distrito de alto desempenho ambiental fracassa em seu mandato quando a valorização expulsa quem vivia ali. Os resultados a medir devem mostrar, portanto, quem recebe proteção e quem consegue permanecer.

O atendimento por trás da tela

Uma parte decisiva do governo urbano trabalha longe das imagens espetaculares. Os sistemas municipais encaminham solicitações, estimam prioridades, integram cadastros e sugerem intervenções. Para os moradores, podem significar menos filas e formulários mais simples porque os órgãos finalmente trocam as informações de que precisam. O valor da simplificação, porém, se define quando um nascimento, uma mudança de endereço ou uma solicitação de assistência saem do percurso previsto, pois o caso ainda deve chegar a uma pessoa capaz de compreendê-lo e a um órgão autorizado a corrigi-lo.

Muito é decidido antes de o sistema ser ativado, por meio dos critérios de aquisição, das especificações e dos contratos. Se o município adquire uma solução sem poder conhecer a proveniência dos dados pertinentes, verificar o desempenho, exportar os registros ou trocar de fornecedor, confia o próprio futuro a cláusulas que quase nenhum morador lerá. A pergunta sobre a saída pertence, portanto, à concepção do projeto: podemos manter o serviço se o fornecedor mudar as condições, falir ou recusar uma correção?

Na sala de reuniões, Elena volta ao mapa e pede que desliguem, uma a uma, as camadas de dados. A contagem dos fluxos continua útil; os alarmes das áreas operacionais também. Quando o rastreamento de rostos desaparece, o consultor marca em vermelho a perda de acurácia. Elena tenta responder, mas se detém: a frase que havia preparado lhe parece limpa demais. Pede que projetem a lista de acessos e pergunta qual ato autorizou aquela tarefa fora dos pontos de acesso. Ninguém responde. «Então, ainda não é uma função do projeto.»

Para um morador, um recurso efetivo começa com uma notificação compreensível: qual decisão foi tomada e quais elementos pertinentes a sustentaram. A notificação também deve identificar o órgão autorizado a reabrir o caso. O atendimento humano deve permanecer ao alcance de quem não conhece a linguagem técnica, mesmo sem aplicativo ou credenciais perfeitas. Deve poder consultar o registro pertinente, corrigir os elementos inexatos, suspender a consequência quando a demora tornaria inútil o reexame e comunicar um resultado fundamentado. Embora possa ter uma estrutura menor e ser mais bem informado, nos serviços essenciais não pode desaparecer.

Prevenir, vigiar, comandar

A segurança torna o conflito mais difícil porque muitas tecnologias realmente salvam vidas. Para não ampliar o mandato com uma única palavra, é preciso distinguir três operações. Prevenir significa detectar um incêndio, uma falha estrutural em uma ponte ou uma pane e acionar uma intervenção. Vigiar significa relacionar os eventos a identidades e trajetos ao longo do tempo. Comandar começa quando um sinal nega um acesso, eleva a categoria de risco, direciona uma fiscalização ou modifica um serviço. A passagem de uma função a outra continua tendo consequências mesmo quando a mesma infraestrutura serve a ambas.

O mandato deve mudar quando a função muda. Usar um sensor para observar a estrutura de uma ponte e acionar seu fechamento não exige reconstruir a identidade de todas as pessoas que a atravessam. Um controle biométrico nos pontos de acesso internos pode permanecer limitado ao acesso previsto. O simples fato de os sistemas já estarem conectados não autoriza estendê-lo às ruas do bairro. Quando um sinal resulta em uma negativa, uma prioridade ou uma fiscalização, as pessoas devem poder conhecer o critério usado e identificar o órgão responsável, além de saber quem tem autoridade para suspender o efeito antes que o erro se propague.

A distinção se torna concreta no polo logístico. Os vínculos entre alarmes e serviços de emergência, junto com os empregos prometidos, não exigem necessariamente um perímetro biométrico. Retirar esse perímetro, porém, exige reformular o projeto, com a perda do desconto inicial e o adiamento da abertura. Alguns moradores pedem mais controles; outros temem que o bairro se transforme em um espaço sob vigilância. Nenhuma das duas preocupações é inventada.

A audiência pública começa à tarde. Irene espera o consultor fechar o mapa e então coloca sobre a mesa o cronograma da obra, repleto de datas riscadas. É favorável ao polo porque se lembra dos acidentes nos pontos de acesso, das vans de entrega diante da escola e das ambulâncias atrasadas no pátio de carregamento. Não defende o pacote biométrico. Aponta, porém, a coluna das contratações, ainda vazia, e pergunta por quanto tempo a cautela pode adiar a abertura antes de se tornar, ela própria, uma decisão. «A segurança futura pode ser um álibi», diz. Desliza o dedo pelas semanas perdidas. «Mas a prudência presente também pode se tornar um.»

Elena não contesta os custos do adiamento, incluindo os turnos instáveis, que pesam sobretudo sobre quem não pode esperar. Pergunta, porém, por que esse custo deve ser pago estendendo ao bairro a segurança dos pontos de acesso. Irene responde que separar as funções só é possível se a cidade declarar os prazos, o financiamento e as proteções provisórias. Elena teme que a urgência transforme uma exceção em infraestrutura permanente; Irene, que um limiar sem calendário faça quem não pode acelerar o processo pagar pela prudência. Por isso, Irene pede datas e números vinculados às pessoas responsáveis por cumpri-los; recusa-se a tratar a promessa de emprego como garantida.

Karim está sentado no fundo e toma a palavra quando pode. Não agradece a Irene por ter mencionado o trabalho nem oferece confirmação a Elena. Diz que um turno estável mudaria as contas de casa e que o pátio provisório é perigoso quando chove. Diz também que não quer entregar o trajeto entre o ponto de ônibus, a rua e o depósito em troca da possibilidade de entrar. «Preciso da renda agora», conclui, «e agora preciso saber quem usará esses dados contra mim.» Não pede a nenhuma das duas que escolha em seu lugar.

Depois da fala de Karim, Irene não procura uma síntese. Pergunta quantas horas ele perdeu durante a semana. «Nove», responde, massageando o pulso dolorido; o turno fracionado do dia anterior lhe deixou um intervalo curto demais para voltar para casa e longo demais para ser remunerado. Elena toma nota, mas ainda não promete uma data de abertura. Irene propõe separar a votação sobre o polo da autorização biométrica e exigir, no prazo de trinta dias, o custo, o cronograma e os responsáveis pela versão limitada. Nenhuma data devolve aquelas nove horas. Irene fecha o documento: «Se pedimos tempo aos outros, esse tempo precisa aparecer na nossa conta.»

Entre as perguntas do Teste, quatro impedem que a discussão se detenha nas intenções. A Finalidade é proteger o polo ou tornar o bairro identificável? O Mandato diz respeito à assistência, à prevenção ou à classificação das pessoas? A Distribuição mostra quem recebe o benefício e quem arca com o risco de um erro. O Recurso pergunta se um morador fica sabendo de sua associação a um perfil a tempo de contestá-la. Uma correção deve chegar antes que a associação seja reutilizada. Enquanto as respostas permanecem vagas, Elena suspende a adjudicação. A suspensão mantém o projeto em consideração, mas exige que as especificações definam os limites antes da autorização.

Proponho aqui um limiar estrito: uma cidade não deveria identificar todas as pessoas para localizar apenas algumas.[21]

Contar anonimamente quem atravessa uma praça é diferente de construir o histórico identificável de cada pessoa. Detectar uma emergência médica é diferente de classificar um bairro de antemão. Autenticar-se voluntariamente para acessar um serviço é diferente de ser reconhecido em toda parte. A prevenção continua compatível com a liberdade somente se finalidade, duração, acesso aos dados e possibilidade de recurso permanecerem delimitados.

Bairros legíveis, desigualdades visíveis

As cidades mudam de forma desigual. Os dados podem mostrar onde o transporte é frágil, o ar é pior, os tempos de resposta são mais longos e as áreas verdes são mais raras. Podem ajudar a corrigir desequilíbrios históricos. O mesmo mapa pode orientar investidores e seguradoras que traduzem vulnerabilidade em custo ou seleção. Um bairro torna-se mais legível e corre o risco, no mesmo gesto, de ser descrito apenas por aquilo que lhe falta.

A proximidade preserva seu valor. Bibliotecas, escolas, mercados, unidades de saúde, espaços cívicos, praças e transporte acessível mantêm a cidade coesa antes de qualquer otimização. O comércio local também pode usar dados sobre fluxos, entregas coordenadas e ferramentas digitais. Se todos os pedidos passam por uma única plataforma, as vitrines permanecem, enquanto o controle sobre o acesso aos clientes se desloca para outro lugar. A plataforma ganha influência sobre as margens e conserva as informações geradas por cada pedido.

Por mais cinco semanas, os caminhões continuam passando diante da escola, a linha de ônibus mantém o desvio provisório e duas lojas adiam as contratações. Na assembleia, quem pediu o limite biométrico é acusado de ter paralisado tudo, enquanto quem apoiava o projeto precisa explicar por que emprego e vigilância foram vendidos no mesmo pacote. Elena publica toda sexta-feira uma prestação de contas pública com os incidentes registrados, as horas de trabalho ainda não programadas, as despesas de reformulação do projeto e as decisões em aberto. Isso impede que a espera pareça gratuita ou seja cobrada inteiramente de Karim. Ao lado dos custos do adiamento, registra os que a versão original teria transferido para o bairro.

O edital revisto preserva sensores anônimos para distribuir o tráfego de veículos, alarmes para as áreas operacionais e identificação limitada aos pontos de acesso internos. Impõe prazos de retenção e verificação independente. O canal de recurso conduz a um ponto de atendimento municipal acessível sem aplicativo, onde o órgão pode mostrar a associação contestada, corrigi-la, suspender sua reutilização e registrar o resultado. O edital também preserva canais de entrega que não obrigam os negócios do bairro a depender de uma única plataforma. A solução promete menos integração e exige mais capacidade técnica interna do município. Suas partes também se separam com mais facilidade, o que reduz o impacto de uma correção ou substituição sobre o restante do serviço.

A cidade como pacto cívico

Quando o projeto volta ao conselho municipal, Elena não pode demonstrar que a versão limitada impedirá todas as formas de abuso, nem que a versão original certamente teria causado dano. As evidências identificam quem teria acesso aos dados, por quanto tempo, com que possibilidade de reutilização e qual recurso estaria disponível aos moradores. A oposição atribui a ela o atraso e o custo adicional. Alguns defensores da segurança consideram insuficiente o novo sistema.

O polo abre mais tarde. Karim consegue o turno, mas as semanas perdidas não lhe são devolvidas. Elena preserva o projeto e perde parte do apoio construído sobre a promessa de rapidez. O conselho renuncia a uma precisão potencialmente útil em investigações futuras; em troca, evita criar hoje um arquivo biométrico generalizado. Ninguém saberá quantificar perfeitamente nem o risco aceito nem o risco evitado.

Um cidadão é mais do que um usuário bem atendido. Um morador deve poder compreender, contestar, participar e atravessar uma praça sem ser sempre traduzido em um sinal identificável. Alguma opacidade deixa espaço para o anonimato cotidiano e a espontaneidade. Os moradores podem usar o espaço público de maneiras que nenhum sistema havia previsto e continuar responsáveis pelo que fazem ali. O mandato público deve, portanto, especificar também quando e onde a administração não usará essa capacidade de observação, e em quais circunstâncias.

A participação não equivale a uma enquete contínua. Plataformas e simulações podem ampliar a escuta. Governar ainda exige mediação e visão de longo prazo, com proteção para quem tem menos tempo para intervir ou dispõe de confiança ou competência mais limitadas. Árvores, sombra, pátios, bibliotecas, mercados, arte pública e lugares de permanência não são decorações improdutivas. Tornam possível o encontro entre pessoas que, de outro modo, o sistema conheceria apenas como fluxos.

O prefeito de 2050 administrará, portanto, também mandatos: quais sistemas auxiliam, quais propõem, quais podem decidir e quais não devem executar sem uma nova etapa pública. A competência técnica importa ao lado da capacidade, igualmente importante, de assumir a responsabilidade por uma escolha que pode ser mais lenta, cara e contestada.

O pacto cívico depende de os moradores ganharem tempo e acesso e preservarem uma vida privada comum. No polo, alguém deve responder pelas observações que a cidade autorizou. Se um registro estiver errado, o morador precisa vê-lo e chegar a um agente público com autoridade para suspender seu uso, corrigi-lo e reabrir a decisão. O edital revisto dá um endereço a esse trabalho. Karim tem acesso ao atendimento municipal sem primeiro precisar convencer um aplicativo de que sua pergunta pertence àquela tela.

CAPÍTULO 6

A universidade que forma o discernimento

Uma aula que já não termina ao toque do sinal

Já se passaram alguns semestres desde a prova que a pane atrasou. Quando Sofia entra na sala de aula com poucos minutos de antecedência, a aula começou horas antes. O professor não começou mais cedo, pois agora o curso se estende para além de quatro paredes e de duas horas marcadas no calendário. No notebook, ela encontra materiais adaptados aos erros que cometeu, perguntas surgidas da discussão do dia anterior, simulações e fontes a comparar. Depois, fecha a tela. A parte mais importante começa quando as respostas deixam de chegar em ordem e trinta pessoas precisam compreender juntas qual pergunta realmente merecia ser feita.

O grupo abre quatro dossiês produzidos antes do encontro. Nenhum contém um erro evidente; cada um, porém, delimita um perímetro diferente. Sofia propõe escolher o mais completo. Uma colega pergunta: «Completo em relação a quem?» Sobre a mesa aparecem as fontes excluídas, as datas, as pessoas que não se enquadram nas categorias e as consequências de cada pergunta.

Não é preciso gerar um quinto dossiê. O grupo precisa decidir qual ausência importa. Também precisa identificar evidências que possam refutar o raciocínio, mesmo quando a resposta continua plausível. Enquanto essas questões não forem enfrentadas, a plausibilidade dá aos estudantes poucos motivos para confiar na escolha. A aula usa o tempo liberado pela ferramenta para permitir que a escolha seja contestada.

O resultado formativo a preservar é uma capacidade concreta: formular a pergunta, remontar à fonte de uma afirmação, procurar o que poderia refutar a resposta e assumir as consequências da escolha. A universidade oferece o tempo e o confronto necessários para que a abundância não seja confundida com autoridade.

Da transmissão de conhecimentos à formação do discernimento

Muitos estudantes chegarão à universidade depois de passar anos ao lado de assistentes inteligentes capazes de explicar fórmulas. Alguns os terão usado como amplificadores da compreensão. Outros os terão usado como atalhos tão fluidos que escondem a distância entre obter um resultado e aprender. A universidade terá de reconhecer essa diferença sem transformá-la em uma guerra entre gerações nem em uma caça ao culpado. O problema será a qualidade da relação construída com a ferramenta, mais do que sua presença.

Ensinar significará criar situações nas quais o estudante torne visível o próprio raciocínio: comparar hipóteses, justificar uma escolha, reconhecer um limite e mudar de ideia diante de uma evidência melhor. Dossiês, revisões, laboratórios e discussões importam quando permitem observar esses gestos, não porque pareçam mais modernos.

Na revisão seguinte, o professor não pede que Sofia escolha outro dossiê. Pede que explique ao grupo por que a primeira escolha já não basta. Sofia projeta a fonte decisiva, indica o grupo que ficou de fora e nomeia quem teria arcado com o custo do erro. Quando uma colega observa que a fonte mais inclusiva já está defasada, Sofia restringe a conclusão e declara a incerteza. Reconstrói o que a fez mudar de ideia em palavras que façam sentido para o grupo, sem esconder a mudança de posição em uma fórmula impessoal.

Seu raciocínio agora está aberto à contestação dos demais, que dispõem de informações suficientes para ajudar a corrigir o que ainda está errado. A universidade não premia quem defende por mais tempo a primeira resposta; premia quem explica por que ela já não basta.

Sofia compreende isso ao comparar duas experiências. Em um curso hiperpersonalizado, o assistente adapta o ritmo, sugere leituras e antecipa as dúvidas. É útil e, por vezes, surpreendente. Em um seminário, por outro lado, ela precisa defender uma interpretação diante de quem leu o mesmo texto de modo oposto. Nenhum sistema a poupa do constrangimento de uma premissa frágil nem da necessidade de escutar. Assim, descobre que o aprendizado profundo nasce do encontro entre personalização e atrito. Uma ferramenta pode se adaptar perfeitamente a nós e nos fazer crescer menos do que uma comunidade que nos expõe a diferenças reais.

A avaliação precisará mudar. Um trabalho bem-acabado demonstra pouco se puder ser terceirizado sem compreensão. As avaliações precisarão de diálogo e de revisões sucessivas que tornem o processo visível. O professor deve poder ver quais fontes o estudante verificou e por que uma escolha foi defendida. Os pontos de discordância também merecem exame, tomando o uso da IA como ponto de partida. Isso não autorizará a universidade a transformar cada estudante em um suspeito a ser vigiado. Rastrear o processo de um estudante até cada hesitação poderia torná-lo mais visível à custa da liberdade de experimentar. Uma avaliação madura exigirá transparência sobre o uso das ferramentas sem exigir um registro integral da vida cognitiva. O discernimento também se forma em espaços de experimentação que permitem pesquisar e errar, depois recomeçar sem que cada desvio se torne um perfil permanente.

O professor acompanha o crescimento sem se apropriar dele. Um bom professor sabe quando acelerar e quando uma resposta precisa se tornar mais difícil. Às vezes, o estudante precisa de tempo para enfrentar essa dificuldade. Embora a tecnologia possa aliviar as tarefas administrativas e de correção, seu valor pedagógico se mede pela direção da dependência. Uma boa ajuda torna visíveis os erros, junto com as etapas e as alternativas, para que os estudantes desenvolvam o próprio discernimento e deleguem à ferramenta uma parcela cada vez menor dele.[22]

Onde o discernimento se torna acessível

No fim da tarde, a biblioteca concretiza essa função. Às mesas estão estudantes, trabalhadores que voltaram a estudar e pessoas que precisam compreender um contrato, uma decisão municipal ou um laudo médico. Uma bibliotecária não entrega a resposta: ajuda a rastrear uma citação, distingue a versão atualizada daquela que ainda circula e mostra onde a busca automática substituiu a fonte por um resumo. A biblioteca dá acesso a acervos por meio de conexões e ferramentas que, de outra forma, seriam caras. Uma consulta não precisa se transformar em um perfil comercial.

Se a possibilidade de verificar dependesse apenas de assinaturas individuais e das plataformas do empregador, ficaria condicionada à renda. A biblioteca torna essa verificação possível também para quem não pode financiá-la por conta própria.

O campus fará sentido pelas experiências que só ganham profundidade quando vividas presencialmente: um laboratório compartilhado, uma discussão difícil, um projeto com pessoas que atribuem pesos diferentes ao mesmo risco. Para quem vem de longe ou de uma família sem tradição universitária, um lugar acessível e aberto à circulação também torna visível o pertencimento: o conhecimento não é um clube no qual entrou por engano, mas um espaço em que tem o direito de tomar a palavra. Assim, a presença se torna um bem raro que deve ser bem utilizado, não um ritual a ser defendido.

Sofia percebe isso em um laboratório interdisciplinar. Os assistentes prepararam mapas precisos para cada grupo, mas computação, design, medicina e direito atribuem pesos diferentes aos mesmos riscos. Nenhum resumo decide o que é desejável. Os estudantes precisam explicitar os próprios critérios e escutar quando outro grupo descreve consequências que eles ignoraram. Só então dispõem de uma base comum suficiente para fazer uma escolha compartilhada.

A autoridade cultural da universidade não pode ser dada como certa. Para julgá-la, eu consideraria se seus métodos são transparentes o suficiente para permitir uma verificação robusta e se ela se corrige quando essa verificação revela um problema. Suas declarações públicas devem distinguir o que sabe do que estima e deixar claro quais conclusões ainda não pode alcançar.

Durante uma emergência, explicações conflitantes tornam essa disciplina especialmente necessária. O leitor deve poder encontrar as evidências que sustentam uma conclusão e compreender quais dados ausentes poderiam modificá-la. A certeza simulada ajuda pouco quando chega a próxima evidência.

O tempo para verificar é uma forma de acesso

A pesquisa confiável exige um recurso distribuído de maneira desigual: tempo para duvidar de um resultado promissor. Métricas sofisticadas indicam colaborações e temas negligenciados. Quando se tornam o valor a perseguir, porém, premiam apenas aquilo que aparece a tempo de ser contado. Resultados negativos, replicações, arquivos, manutenção e trabalho coletivo preservam o terreno do conhecimento mesmo sem um retorno imediato previsível. Para pesquisadores cujos contratos não têm continuidade, cada verificação que retarda o anúncio custa mais.

Um grupo de pesquisa percebe isso quando um sistema de análise aponta uma associação promissora em milhares de observações. A visualização é limpa, e o anúncio poderia atrair financiamento. Uma pesquisadora em início de carreira nota, porém, que as lacunas causadas por falhas nos equipamentos aparecem nos dados como valores ausentes comuns. O grupo adia a apresentação, reabre os registros, conversa com quem havia feito a manutenção dos instrumentos e repete a análise incluindo aquelas interrupções. A associação se enfraquece. Nos painéis do projeto, aquele mês aparece como atraso. No trabalho científico, marca o momento em que o grupo impede que um resultado sedutor se transforme em uma conclusão prematura. No relatório, o grupo também registra o trabalho de quem fez a manutenção dos instrumentos, pois essa verificação continuará sendo um cuidado invisível se as carreiras e o financiamento contarem apenas o anúncio.

A decisão do grupo de adiar o anúncio pressupõe que alguém possa absorver um mês sem resultado visível. As universidades mais ricas controlarão infraestruturas e parcerias melhores. Outras dependerão de ferramentas externas. A mesma desigualdade atravessa estudantes e pesquisadores, com vantagens cumulativas decorrentes do acesso a dispositivos e da segurança econômica, assim como do idioma e do tempo. O acesso formal não basta quando o tempo necessário para verificar continua sendo um privilégio. As pessoas também precisam de margem suficiente para errar e tentar de novo sem perder seu lugar. Um sistema personalizado pode parecer neutro e premiar quem já sabe se orientar. Quem tem compromissos de trabalho ou de cuidado, uma deficiência ou uma conexão instável pode enfrentar o mesmo rigor com menos margem para se recuperar de um revés. Bibliotecas, tutoria, laboratórios, materiais acessíveis e horários viáveis preservam o nível de exigência ao impedir que uma dificuldade organizacional seja confundida com incapacidade, sobretudo quando um único erro pode levar alguém a abandonar o curso.

Voltar a estudar

Em 2050, a universidade não poderá falar apenas aos jovens que ingressam nela uma vez e saem poucos anos depois. A automação levará muitos adultos a voltar, assim como as transições ambientais e as transformações de suas profissões. Nem sempre para obter um segundo diploma completo. Às vezes, será preciso aprofundar-se em uma área, atualizar uma prática, transitar por uma nova disciplina ou reconstruir a confiança depois que uma competência tiver perdido valor. Voltar não deveria significar recomeçar do zero nem receber crédito automático pelos anos trabalhados. Reconhecer os aprendizados anteriores significa traduzir a experiência em evidências: o que a pessoa demonstra, em quais condições, quais pontos continuam frágeis e o que o estudo ainda precisa pôr à prova. Um adulto traz responsabilidades e hábitos consolidados, às vezes também o receio de já não estar à altura ao retornar. O retorno se torna crível quando a instituição reconhece esse ponto de partida sem convertê-lo nem em rebaixamento nem em desconto no rigor.

Para uma trabalhadora que mais tarde passa a integrar o grupo de Sofia, a diferença aparece no calendário. Um tutor reconstrói com ela o que sabe demonstrar, as etapas que faltam e um ritmo sustentável. As atividades mais curtas acontecem perto do local de trabalho. O laboratório oferece uma sessão noturna, a biblioteca amplia o acesso e o empregador financia algumas horas de estudo em vez de pagar apenas as mensalidades. Quando uma semana de cuidados familiares interrompe o percurso, o programa lhe permite retomar a avaliação.

No laboratório, sua experiência não vale como dispensa: transforma-se em uma objeção que impede o grupo de adotar uma solução elegante e impraticável. São detalhes organizacionais, mas decidem quem pode realmente voltar e se aquilo que uma pessoa já sabe poderá ser submetido a novas verificações.

Aqui, as microcredenciais e os percursos modulares são úteis porque permitirão a quem trabalha ou cuida de familiares distribuir o estudo ao longo do tempo. Aprendizados específicos se tornarão visíveis a cada etapa, permitindo que módulos sucessivos componham um percurso mais amplo. Mas a universidade terá de resistir à tentação de reduzir toda a formação a fragmentos comercializáveis. Uma coleção de certificados não equivale automaticamente a um percurso. Algumas competências são adquiridas em módulos curtos. Outras precisam de duração, progressão, confronto e imersão.

A relação com a comunidade ao redor também será importante. Compartilhar laboratórios e problemas reais com instituições públicas, empresas e organizações culturais não exige entregar a agenda à urgência de quem tem mais poder para encomendar soluções. Uma universidade útil à sociedade sabe responder às necessidades presentes e preserva a distância necessária para formular perguntas lentas, impopulares ou que não possam ser monetizadas de imediato. Graças a essa autonomia, a universidade pode financiar o tempo de verificação que estudantes e pesquisadores com menos recursos não conseguiriam sustentar por conta própria.

Rigor e cuidado

Em um ambiente medido continuamente, cada hesitação pode parecer um desvio em relação a um padrão invisível. A universidade terá de ser exigente e capaz de cuidar, pois os estudantes precisam de expectativas claras e de oportunidades para corrigir seu trabalho. O apoio deve respeitar sua crescente independência. Os serviços de apoio psicológico são necessários, mas a pedagogia do tempo também importa, pois as cargas de trabalho precisam fazer sentido e deixar margem para corrigir um erro. Os procedimentos institucionais devem permitir que um estudante se recupere de uma crise temporária, em vez de empurrá-lo silenciosamente para fora. O cuidado também se manifesta na maneira como a instituição organiza os fracassos e as possibilidades de retomada.

A personalização não deve se transformar em isolamento. Um percurso perfeitamente adaptado evita frustrações e pode privar a pessoa do encontro com quem avança de maneira diferente. Mentores, grupos de estudo e espaços sem avaliação lembram que a dificuldade nem sempre é uma falha individual a corrigir.

O ensino em laboratório reúne análise, ação, colaboração e responsabilidade. Os modelos ajudam na preparação e na simulação de situações. Quem explica uma escolha diante de outras pessoas deve estar preparado para se adaptar quando um imprevisto a põe em questão. Corrigir um erro real testa, então, a confiabilidade dessa competência.

As humanidades contribuem para o discernimento ao lado das disciplinas técnicas. Interpretar linguagens e histórias ajuda a reconhecer as hierarquias de valor incorporadas em um problema, assim como interpretar conflitos. As sociedades erram nos cálculos e erram nas narrativas. O discernimento precisa interrogar ambos.

O discernimento para além da ferramenta

Manter o futuro aberto exige experiências sem retorno garantido e o poder de recusar atalhos: uma plataforma que exige rastros cognitivos demais, uma métrica que restringe a pesquisa, um contrato que torna impossível mudar de fornecedor.

Diplomas e microcredenciais atestam um percurso, embora não sejam chaves automáticas que autorizam qualquer ação. A universidade deve certificar com rigor aquilo que uma pessoa aprendeu e ensinar-lhe os limites do próprio papel. A credencial abre uma possibilidade. O contexto determina qual responsabilidade ela sustenta.

Quando Sofia sai do campus, lembra-se da resposta correta junto com a objeção que não esperava. A fonte que parecia ter autoridade agora lhe parece diferente. Acima de tudo, leva um hábito: perguntar de onde vem uma afirmação, quem fica fora da categoria, o que poderia refutá-la e qual seria a consequência de sustentá-la.

Esse hábito acompanhará Sofia no trabalho. Para preservá-lo, a ajuda deve permitir que ela formule uma hipótese antes de oferecer suas etapas e alternativas, e depois recuar à medida que seu discernimento cresce. Uma resposta melhor tem valor pedagógico limitado se a deixa menos capaz de verificar a seguinte. O seminário lhe deu uma maneira de perceber essa perda. Ao voltar à fonte que o grupo questionou, ela sabe explicar por que já não confia na primeira leitura que fez dela.

CAPÍTULO 7

O que o gêmeo não pode fazer

Davide assina uma proposta que não compreende por completo. O documento, elegante e plausível, chega pronto, com cláusulas que antes ele teria discutido com um especialista. O sistema certifica que ele atende ao padrão da empresa, mas não sinaliza que uma cláusula transfere ao cliente um novo risco. Ao reconhecer o tom, Davide aprova a proposta e obtém a aceitação do cliente. É justamente o sucesso que o inquieta: se já não percorre o raciocínio, por quanto tempo continuará capaz de reconhecer uma cláusula errada, explicá-la e responder por ela quando algo der errado?

O problema exige uma delegação legível. Uso o termo gêmeo operacional para um sistema vinculado à identidade profissional ou ao mandato de uma função, autorizado a auxiliar, propor, decidir ou executar dentro de um perímetro declarado. O termo descreve uma forma de organizar o trabalho, não uma réplica digital de um indivíduo. Atribuir a um assistente um nome sugestivo ou uma personalidade não estabelece essa organização. Como arquitetura da delegação, torna visível quem delega o quê, a qual sistema, por quanto tempo, com quais evidências e possibilidades de interrupção, recurso e revogação.

Por onde começar

No dia seguinte, Davide reabre a proposta com a responsável pela área jurídica e a colega que preparará as propostas comerciais. O fornecedor quer configurar imediatamente permissões e limiares. O grupo, porém, começa pelo contrato aceito e pelo dano que uma cláusula errada poderia transferir. Um aditivo atribui à empresa o risco e o custo da retificação da cláusula, e o cliente aceita. O erro e a reparação permanecem no dossiê. Só então definem a delegação e seus limites. O Teste 2050 verifica se há evidências, responsabilidade, possibilidade de contestação e saída suficientes para confiar esse poder. A interface vem depois.

O Teste não devolve uma pontuação que o software possa transformar sozinho em sinal verde. A minuta automática promete velocidade, mas uma formulação sobre responsabilidade pode afetar a receita da empresa e se tornar difícil de reverter depois da assinatura. Davide fixa, portanto, o limiar antes de abrir a interface: o sistema poderá comparar e propor, mas não enviar nem assinar. Se faltar o precedente pertinente ou se a diferença não puder ser explicada no tempo da negociação, o caso deverá chegar a uma pessoa competente.

Somente nesse momento entra o gêmeo operacional. Seu papel é traduzir as condições já aceitas em um mandato observável. A justificativa da delegação deve preceder essa tradução. Ele prepara uma alternativa, preservando a fonte e comparando a cláusula com a versão aprovada para mostrar onde o risco muda. Não pode acessar a assinatura, enviar o documento ao cliente nem estender sua permissão a contratos semelhantes. O Teste estabelece as condições exigidas antes de iniciar o processo. O gêmeo torna essas condições visíveis enquanto o trabalho acontece, e os instrumentos do ciclo de vida voltam a examiná-las quando o trabalho ou seu contexto muda. Se o teste inicial falhar, não surge autorização alguma. Se uma evidência posterior refutar a delegação, um bom desempenho anterior não a salva.

O limiar, porém, pode se degradar. Um modelo é atualizado, as cláusulas mudam, a especialista deixa a empresa ou a carga de trabalho transforma as confirmações em mera formalidade. Os instrumentos do ciclo de vida servem para enxergar essa distância: atribuem um responsável ao mandato, definem os requisitos de evidência e reexame, registram desvios e incidentes, mantêm um modo degradado e testam a saída. Não são uma terceira maneira de formular as mesmas perguntas. Verificam se as respostas dadas no início continuam verdadeiras o bastante para manter a autorização.

Cinco elementos devem permanecer separados. A capacidade indica o que o sistema sabe fazer. A credencial atesta um percurso de estudos ou uma qualificação da pessoa, sem garantir, por si só, sua competência atual. A autorização define a ação permitida naquele contexto. A supervisão estabelece se a ação é visível e compreensível para alguém com tempo de mudá-la. A responsabilidade atribui a obrigação de explicar e responder pelas consequências. Confundi-los faz parecer responsável quem conserva uma credencial ou um lugar na interface, enquanto a autoridade efetiva opera em outro lugar.

Quatro modalidades de delegação

A modalidade responde a uma pergunta: que poder o gêmeo exerce nesta tarefa? Na modalidade Auxilia, organiza informações, traduz, procura incoerências, simula ou prepara materiais, mas não seleciona o resultado que vinculará alguém nem produz efeitos externos. Embora possa recordar mais precedentes do que um profissional, o limite está no fato de que a pessoa responsável toma a iniciativa de definir o problema e mantém o controle sobre a ação.

Na modalidade Propõe, o sistema ordena as alternativas e recomenda uma delas. Deve tornar visíveis os dados e critérios decisivos, as alternativas descartadas, a incerteza e as condições que poderiam desmentir a recomendação. A confirmação humana tem valor quando quem decide pode modificar ou recusar o resultado e dispõe de tempo suficiente para isso, sem interfaces manipuladoras ou procedimentos que tratem qualquer discordância como anomalia.

Na modalidade Decide, o gêmeo seleciona um resultado dentro de regras autorizadas; na modalidade Executa, produz o efeito, por exemplo, enviando um pedido, modificando um acesso ou ativando um dispositivo. As duas funções podem permanecer separadas, pois um sistema pode decidir e aguardar confirmação, ou executar uma ação escolhida por uma pessoa. Quando decide e executa sem outro ponto de controle, seu poder é máximo. Chamar todas as modalidades de «assistência» oculta a diferença que precisa ser governada.

Níveis de autorização

A modalidade diz qual poder é exercido. O nível estabelece a frequência e o alcance autorizados desse poder. No nível zero, o sistema observa e explica o que vê. A simulação também faz parte de seu perímetro, mas ele não produz efeitos externos. No nível um, recebe uma autorização para um único caso, que se encerra sem se tornar precedente.

No nível dois, a autorização cobre um perímetro recorrente: classe de tarefas, duração, condições de entrada e limiares de interrupção. No nível três, o mandato é adaptativo e o sistema pode escolher a sequência ou os meios dentro de uma finalidade delimitada. O nível exige rastreabilidade, interrupção, controle da carga de trabalho e recuperação compatível com o dano possível; não surge uma delegação geral sobre a pessoa.

Os níveis descrevem o perímetro da autorização. O mesmo gêmeo pode operar no nível dois para organizar compromissos, no nível um para modificar um contrato e no nível zero diante de uma decisão que não deve tomar. Um bom desempenho não autoriza tarefas afins, pois cada extensão exige evidências, e mudanças no modelo ou nos dados, assim como nos procedimentos ou no contexto, podem restringir o perímetro. Trato a autonomia como revogável porque a capacidade, por si só, não pode estabelecer seu alcance, e o mandato precisa continuar adequado ao risco.

O gêmeo tutor se torna menos necessário

No trabalho já iniciado com a colega mais jovem, Davide transforma o acompanhamento em uma regra do mandato. Antes da ajuda, ela formula uma hipótese e identifica a fonte que a sustenta. Nomeia a dúvida antes que o gêmeo mostre qualquer discrepância. Precedentes contrários e alternativas só ficam disponíveis depois que ela tenta desenvolver esse raciocínio por conta própria. A especialista intervém se o raciocínio continuar incerto. O registro da formação não contém uma pontuação pessoal, apenas o percurso essencial: erro, fonte, correção e explicação.

Depois de doze casos, Davide testa um atalho em que o sistema destaca imediatamente a passagem crítica e propõe a formulação aprovada. O tempo necessário diminui. Diante de uma cláusula com formulação nova, porém, a colega segue a indicação visual e deixa de perceber a exceção. O resultado é mais rápido e menos confiável. Davide restabelece a ordem inicial: primeiro a hipótese da pessoa, depois a ajuda. O gêmeo deve tornar o discernimento visível e verificável, não se antecipar a ele.

A dependência decrescente passa, então, a integrar o mandato. No início, o gêmeo acompanha cada caso. Depois, intervém apenas diante de formulações novas ou dúvidas declaradas. Toda semana, a colega reconstrói um caso do zero, sem o sistema, para verificar se ainda sabe encontrar a fonte, comparar as versões, explicar a escolha e parar diante de um limite. Se essas capacidades se deteriorarem, o perímetro não aumenta. São retomados o acompanhamento e o teste. A organização também precisa de um meio de prosseguir. Fontes e razões das exceções permanecem exportáveis, junto com casos malsucedidos que mostram onde o processo falha. Várias pessoas se revezam na revisão, e a formação entra na carga de trabalho. Um produto pago por solicitação tem um incentivo para manter a dependência, e esse incentivo deve ser declarado no mandato. Uma interrupção do serviço testa o que a organização preservou. Os casos comuns continuam; aqueles que ninguém sabe governar são interrompidos.

Depois de algumas semanas, a colega identifica uma exceção antes que o gêmeo a sinalize. A verificação seguinte confirma o problema. Davide não amplia automaticamente o mandato, mas, no reexame, acrescenta uma nova medida aos minutos poupados, contando as ocasiões em que o sistema pôde permanecer em silêncio. O gêmeo tutor é bem-sucedido quando a pessoa recupera discernimento e precisa de menos assistência.

Um mandato vivo

Karim reconhece essa lógica na logística. Suas qualificações não formam um título único: dizem respeito a certas mercadorias, à cadeia do frio, a materiais perigosos e à coordenação de uma frota. Cada uma pode abrir ao gêmeo uma parcela precisa do trabalho. Se uma qualificação expirar, o procedimento mudar, um turno ultrapassar os limites de segurança ou uma instalação entrar em emergência, o perímetro se restringe. A mesma credencial produz autorizações diferentes em um armazém comum, em um porto e durante uma avaria.

O mandato do gêmeo operacional deveria, portanto, ser legível como uma ficha viva, declarando a finalidade, as tarefas, a modalidade e o nível permitidos e indicando quem autoriza, quais dados podem ser usados, quanto tempo dura o mandato e quais condições o suspendem.

Registra as ações e as exceções, incluindo os momentos em que uma pessoa intervém. O registro nomeia quem recebe um alerta e quem tem autorização para interromper o sistema, além de atribuir a alguém a tarefa de reconstruir depois o ocorrido. A falta de informações esconde a complexidade da delegação, em vez de simplificar essa organização.

As pessoas devem poder ler um mandato e contestar seus termos, assim como separar suas partes, em vez de aceitar todas as funções como um pacote. Credenciais e registros devem continuar portáveis entre fornecedores, para que as pessoas possam confiar tarefas diferentes a sistemas diferentes e continuar a contestar suspensões e revogações. O projetista responde pelos limites omitidos; a organização, pela carga de trabalho, pelos procedimentos e pela formação; e quem decide, apenas pelas decisões que pôde compreender e mudar. A responsabilidade deve acompanhar a autoridade efetiva, sem transferir ao cliente o custo da supervisão.

A matriz de risco

A matriz responde a uma pergunta diferente da modalidade e do nível: qual é o peso do erro e quanto tempo existe para detectá-lo e interromper seus efeitos, ainda com tempo suficiente para a reparação? O primeiro eixo diz respeito às consequências sobre direitos, saúde, renda, liberdade, segurança ou serviços essenciais; o segundo, à janela de controle. A população envolvida, a qualidade dos dados, a opacidade e os efeitos em cadeia tornam mais precisa a posição na matriz.

Quando o efeito é limitado e recuperável, o gêmeo pode operar na modalidade Executa dentro de um perímetro estável, com registros legíveis e controle por amostragem. Reordenar uma fila interna ou propor horários modificáveis muitas vezes pertence a essa zona. Recuperável não significa sem custo; significa que ainda há tempo para interromper e restaurar. Se os erros aumentarem ou o contexto reduzir a recuperabilidade, a modalidade se restringe.

Quando o efeito é grave, mas recuperável, o gêmeo opera na modalidade Auxilia ou Propõe; as modalidades Decide e Executa exigem confirmação prévia e competência adequada. Se o efeito for limitado, mas difícil de reverter, a repetição pode torná-lo irreversível; por isso, uma comunicação pública ou uma exclusão generalizada exigem volume limitado, teste em modo sombra e interrupção diante do primeiro desvio.

Quando o efeito é grave e não pode ser revertido na janela disponível, o perímetro permitido ao gêmeo abrange a explicação ou simulação da situação e a sinalização de um motivo de preocupação. O gêmeo não deve operar na modalidade Decide ou Executa. Um desempenho agregado elevado não compensa uma falha em detectar o erro ou interrompê-lo enquanto a restauração ainda é possível; por isso, a modalidade máxima é Propõe.

O orçamento de supervisão

O orçamento de supervisão compara a carga produzida pelo sistema com a capacidade real de quem deve controlá-lo. Simultaneidade, velocidade, opacidade, exceções e gravidade aumentam a demanda;

tempo, competência, informações utilizáveis, autoridade para interromper e possibilidade de restauração sustentam a capacidade. A diferença não é medida no organograma, mas sob carga.[23]

Durante o teste de aceitação, Luca usa quarenta casos arquivados e comprime o fluxo até o ritmo previsto para os horários de pico. O gêmeo não produz efeitos enquanto organiza as solicitações e mostra à supervisora a razão principal das prioridades que propõe. No início, as exceções chegam espaçadas. A pessoa encarregada da supervisão abre o registro, compara o dado decisivo e confirma ou interrompe o processo. O setor observa os tempos e vê uma supervisão que parece funcionar. Depois, Luca pede que sejam introduzidas ausências e uma mudança de turno, com duas solicitações chegando quase ao mesmo tempo — as condições comuns que a demonstração do fornecedor havia mantido separadas. Na tela, não muda o número de supervisores. Muda a quantidade de atenção exigida no mesmo minuto.

Depois de onze confirmações corretas, forma-se um ritmo. O resumo aparece, o cursor chega ao botão e o controle dura poucos segundos. Nos dois últimos minutos do teste, entram seis resultados: três são semelhantes, dois contêm dados ausentes e um depende de uma nota inserida com uma abreviação incomum. O sistema agrupa a nota entre as informações secundárias e mantém verde o indicador principal. A supervisora poderia abri-la, mas, no mesmo momento, precisa responder a dois alertas e recuperar um caso que a conexão deixou pela metade. Confirma. A caixa registra uma presença humana; não registra que a janela para compreender já se esgotou.

O caso é arquivado e ninguém sofre as consequências da escolha. Quando o grupo reabre o percurso, porém, a nota muda a prioridade. A profissional que havia confirmado reconhece imediatamente o problema quando pode ler a nota fora da fila. Não lhe faltavam a competência nem o direito formal de interromper o sistema. Faltavam-lhe quarenta segundos e uma interface capaz de separar a exceção do ruído. O fornecedor demonstra que cada elemento estava disponível e considera bem-sucedida a supervisão. Luca aponta para o tempo: tornar um dado tecnicamente acessível depois de saturar a atenção equivale a entregar uma chave quando a porta já se fechou.

O setor muda as condições da supervisão. Reduz o número de casos simultâneos, impede a execução quando falta um dado definido como essencial e destina aos alertas não resolvidos um canal que não pode ser comprimido no resumo. Acima do limiar de carga, o gêmeo desce de nível e a fila passa ao modo degradado. Uma segunda pessoa revê somente as exceções de alto impacto, enquanto quem realiza a primeira revisão conserva a autoridade para interromper o fluxo inteiro. A nova configuração tem um custo, pois, nos horários de pico, algumas respostas precisam esperar e parte da economia prometida desaparece. Esse custo entra no orçamento ao lado do dano evitado. Não é ocultado como ineficiência humana.

No teste seguinte, Luca reapresenta o mesmo caso em uma posição diferente. Quando a nota ambígua aparece, o sistema bloqueia o avanço e mostra qual elemento falta para a confirmação. A fila fica mais lenta. A supervisora abre o registro e, ao reconhecer o conflito, encaminha o caso a quem possui a competência necessária. O setor não conclui que tornou a supervisão eficaz de uma vez por todas. Encontrou uma configuração que dá à supervisora tempo para examinar as informações pertinentes e exercer sua autoridade antes que o efeito ocorra.

O orçamento de supervisão terá de ser reavaliado a cada mudança de volume, modelo ou pessoal, pois o mandato deverá se restringir se a demanda voltar a superar a capacidade, mesmo que a acurácia média não mude.

Onde o mandato deve parar

O setor transforma a matriz em um teste de reconstruibilidade. Em um caso já encerrado, Luca pergunta quais dados estavam disponíveis, qual regra havia mudado a prioridade, o que poderia ter refutado a sugestão e quem podia interrompê-la. Não é necessária uma confissão completa do modelo, embora, no tempo concedido pelo caso, uma pessoa competente deva conseguir reconstruir uma parte suficiente da passagem decisiva para reconhecer o ponto controverso e agir.

Se a cadeia se interromper antes, o risco ainda não será governável.

A reconstrução pode falhar por três tipos de opacidade. A contratual mantém os registros, a retenção ou as explicações fora das permissões negociadas. A do modelo torna difícil traduzir representações e etapas em razões utilizáveis, mesmo quando o fornecedor colabora. A estrutural nasce do entrelaçamento de componentes e atualizações com agentes e organizações, em que cada um vê uma parte, e ninguém dispõe do panorama a tempo. Embora abrir o código possa ajudar, isso não substitui o domínio operacional do ponto em que uma pessoa competente ainda dispõe de tempo e autoridade para intervir contra a ação proposta.[24]

A evidência necessária muda conforme o resultado. Uma temperatura fora da faixa ou uma cláusula presente em um documento oferecem uma comparação relativamente rápida. Uma prioridade clínica ou o limiar a partir do qual uma exceção se torna regra incorporam valores e consequências tardias. A acurácia histórica e uma explicação plausível indicam onde procurar, mas não demonstram que o caso presente pertença ao mesmo mundo. Quando a verificação não cabe na janela de controle, o limite diz respeito à autoridade confiável.

Admiti-lo torna alguns fluxos mais lentos, exige competências duplicadas e registros utilizáveis e pode deixar uma pessoa por mais tempo sem resposta. O custo da espera deve ser declarado junto com o custo do erro. O setor pode reduzir o volume, antecipar o controle, restringir o mandato ou investir em capacidade humana; não pode chamar de «supervisão» uma confirmação que chega depois da possibilidade de intervir.

Resta uma escolha política: quem paga pelo tempo necessário para compreender e sustenta testes cujo custo uma pequena organização não pode distribuir entre muitos casos? Onde nem uma compreensão suficiente nem uma verificação independente cabem na janela de controle, a modalidade máxima continua sendo Propõe. O sistema pode encontrar o que uma pessoa não teria visto; a decisão vinculante permanece com um responsável acessível, com critérios declarados e poder de dizer não.

Onde o gêmeo falha

O gêmeo falha quando a pessoa se torna ornamental, recebendo apenas um resumo tardio e um pedido de confirmação, enquanto continua caro consultar os dados e as alternativas. A competência pode se atrofiar quando a prática e a verificação independente desaparecem, e o mandato passa a depender do fornecedor que controla o acesso às evidências, assim como a concessão e a revogação das autorizações. Um desempenho elevado, por si só, não garante controles em tempo hábil nem a capacidade da organização de reconstruir uma saída. Com vários agentes, o risco atravessa a cadeia à medida que um encarrega o outro, uma proposta se torna premissa e ninguém reexamina a transferência de autoridade. O registro deve acompanhar dependências e erros correlacionados, não apenas ações isoladas. Vigilância excessiva, credenciais retidas, modelos insubstituíveis e procedimentos que entram em colapso sem o fornecedor continuam sendo motivos para recusa ou interrupção.

O protocolo de teste

O teste começa antes que o sistema seja ligado. A organização define o resultado legítimo, as ações proibidas, a referência humana e os grupos expostos a benefícios ou custos. Decompõe o trabalho em tarefas, atribui modalidade, nível e risco, constrói uma biblioteca de falhas realistas — exceções, dados incompletos, instruções conflitantes, sobrecarga e indisponibilidade — e estabelece quem pode interromper o teste e quais eventos impõem essa interrupção.

O gêmeo operacional passa então ao modo sombra: observa e produz resultados que não são aplicados. Seguem-se simulações, incluindo casos adversariais concebidos para expor fragilidades. O sistema passa então a lidar com um volume limitado, com efeitos reversíveis, antes de receber um perímetro mais amplo. O teste inclui a carga real de trabalho e mede desempenho, tempo até o dano, detecção e restauração, intervenções que deixaram de ocorrer, explicações, competência residual, disparidades e concentração do poder. As condições adicionais para usar um segundo sistema de controle estão no Protocolo avançado de teste com dois sistemas, entre os recursos online listados no Apêndice. Uma segunda resposta, por si só, não amplia o mandato.

Cada autorização expira e prevê limiares de suspensão e retomada. As pessoas conhecem o mandato e podem contestar o resultado. Falhas e custos são examinados antes de qualquer ampliação. Se o serviço não puder ser interrompido nem puder continuar em modo degradado, o teste já terá criado dependência.

Responder pela assinatura

Para Davide, assinar agora depende de saber explicar o ponto controverso. Se não souber, um especialista intervém ou o caso permanece suspenso. No setor, Luca precisa fazer a mesma condição funcionar em um intervalo muito mais curto, antes que um erro alcance o corpo de alguém. Cada contexto precisa de uma pessoa responsável que ainda esteja em condições de interromper o resultado. O registro de permissões de Davide dá forma prática a essa exigência. O gêmeo tem permissão para preparar a cláusula revisada, mas o documento não pode ser enviado ao cliente pela conta do gêmeo.

CAPÍTULO 8

Cuidar sem desumanizar

Quando Luca entra na unidade antes do amanhecer, o sistema já organizou prontuários, exames, incompatibilidades entre medicamentos e sinais recebidos durante a noite. No tablet, ele encontra um mapa das prioridades com fontes, incertezas e variações em relação ao dia anterior; o diagnóstico permanece fora do mandato. O benefício é concreto: enxergar antes aquilo que, na pressa, poderia continuar disperso.

O setor agora aplica a regra estabelecida durante os testes: o sistema reúne e organiza. Uma proposta só muda o percurso de cuidado quando uma pessoa identificada dispõe dos dados e de tempo suficiente para questioná-la e também tem autoridade para agir a partir desse questionamento. Na saúde, a pergunta não é apenas quanto a máquina enxerga, mas como essa capacidade entra no cuidado e quem permanece acessível quando um corpo não cabe por inteiro na síntese.

Luca encontra Teresa em sua linha de cuidado. Ela tem setenta e oito anos, mora sozinha, usa sensores discretos e não deseja voltar à burocracia contínua de consultas evitáveis e informações repetidas. O monitoramento domiciliar lhe permite permanecer em casa com mais autonomia. Essa utilidade reforça o pedido de Teresa: o sistema não deve se tornar um oráculo nem uma biografia completa de seu corpo.

Certa noite, vários parâmetros mudam ao mesmo tempo. No prontuário de Teresa, a frequência cardíaca em repouso se afasta de seu padrão, o sensor de glicose registra valores incomuns e o movimento diminui. Considerados isoladamente, os sinais não sustentam um diagnóstico; colocados em sequência, levantam uma dúvida. O sistema os compara com o histórico disponível, mostra quais medidas provêm dos dispositivos e quais vêm das anotações da paciente e, em seguida, atribui uma prioridade que pode aguardar: repetir as medições em casa e voltar a entrar em contato com Teresa até o dia seguinte. Não altera a terapia nem envia instruções para fora da rede de cuidado.

No tablet de Luca, a proposta aparece organizada, acompanhada de um botão discreto: «Confirmar prioridade». O percurso sugerido é prudente e plausível; justamente por isso, o gesto é tentador. A confirmação levaria o prontuário para a fila dos acompanhamentos domiciliares e liberaria a tela para o caso seguinte. Luca já leu muitas sínteses noturnas, a unidade está ficando cheia e nenhum sinal isolado parece exigir uma corrida. Por um instante, a cor da caixa oferece o alívio de uma decisão já pronta.

A incerteza não está escondida: uma janela assinala o intervalo incompleto e distingue as medidas estáveis daquelas que devem ser repetidas. Essa janela, porém, permanece fechada até que alguém a abra, enquanto o percurso sugerido ocupa o centro da tela. A dúvida está disponível, mas examiná-la consome minutos; a confirmação exige apenas um e devolve de imediato a impressão de ter conduzido o caso.

Antes de tocar no botão, porém, Luca abre a proveniência dos dados. Algumas medições são contínuas; outras faltam justamente no intervalo em que a curva muda. A última anotação de Teresa descreve um dia normal, mas é anterior à piora. A qualidade técnica do sinal, por si só, deixa sem resposta a origem da anomalia. Uma mudança no sensor ou na rotina de Teresa poderia explicá-la, e uma mudança em seu corpo continua sendo outra explicação possível. Nem mesmo a posição na fila responde à pergunta que importa: o que mudou para ela antes que o sistema o tornasse visível.

Luca deixa a proposta aberta. Consulta as informações anteriores, verifica se os dados de contato fazem parte do percurso de cuidado acordado e telefona para Teresa, sem transformar o alerta em um diagnóstico por telefone. Quer saber o que ela sentiu, quando começou e o que lhe é possível fazer naquela manhã. O sistema cumpriu bem seu trabalho inicial: levou a mudança ao conhecimento de uma pessoa competente. A etapa seguinte exige uma voz, não outra pontuação.

Quando o corpo se torna legível antes de adoecer de fato

A medicina conectada oferece a possibilidade de detectar alguns problemas mais cedo e organizar o cuidado de condições crônicas mais perto de casa, mas o benefício clínico precisa ser demonstrado para a condição e o percurso de cuidado em que é usada. Evitar deslocamentos só importa se a rede continuar capaz de responder e preservar as distinções entre as fontes. Uma medida de frequência cardíaca, um laudo, uma anotação clínica, a adesão declarada e uma inferência de risco não têm a mesma confiabilidade. Um sensor usado de modo incorreto ou uma mudança de rotina não são ruído, assim como uma casa quente demais ou um medicamento não tomado também não são. Cada uma dessas possibilidades é uma hipótese a verificar. Um corpo medido não é um corpo inteiramente conhecido.[25]

Teresa diz isso sem se transformar em especialista em sistemas: «O número chegou ontem à noite, mas o cansaço começou antes.» Luca não escolhe entre o dado e a voz dela. Verifica como ambos foram produzidos, procura o que coincide e o que continua divergindo e, então, explica qual incerteza exige atenção.

«Antes de quê?», pergunta Luca. Teresa não procura a palavra certa para o dispositivo. «Desde ontem à tarde. E, quando vou da cozinha ao corredor, preciso parar; sentada, porém, respiro como sempre.» Sem sugerir as respostas, Luca pergunta se houve outras mudanças, o que ela tomou e se pode repetir a medição enquanto permanecem ao telefone. A nova leitura se soma à noturna dentro de um quadro que também inclui um sintoma relatado, um intervalo incompleto e o conhecimento que Teresa tem de seu próprio dia.

Teresa não minimiza o alerta e não quer que ele a resuma. Pergunta se a verificação significa voltar ao hospital e quem a acompanhará, caso seja necessário. Luca explica que a decisão continua aberta, pois primeiro examinará a sequência com outra profissional e depois lhe dirá qual avaliação recomenda e por quê. A incerteza permanece, mas mudou de forma. Agora, os dois compartilham o suficiente da situação para discuti-la, em vez de apenas eliminar uma pendência na tela.

A rede deve declarar quem tem acesso às informações e com que finalidade, com um limite de tempo para o acesso e um caminho acessível para que a pessoa cujo prontuário contenha erros possa solicitar a correção.

Um sinal útil à assistência não se transforma em material para seguradoras ou empregadores, nem para serviços comerciais. Acesso técnico e mandato clínico não coincidem, e os usos autorizados continuam sujeitos a revisão.

A distribuição importa tanto quanto a precisão. Quem dispõe de dispositivos confiáveis e conectividade estável, com apoio linguístico e um serviço local capaz de responder, tem melhores condições de produzir dados contínuos e receber cuidado em tempo hábil. Se a ausência de medições é confundida com ausência de necessidade, os territórios menos atendidos também se tornam menos visíveis. A tecnologia amplifica, então, a organização que encontra, inclusive suas desigualdades.[25]

Prevenir não equivale a transformar cada variação em doença. Enquanto algumas mudanças exigem intervenção, outras precisam de acompanhamento ou de uma explicação que ajude o paciente a compreender o que está acontecendo sem viver em estado de alarme permanente. O benefício da previsão deve ser medido junto com a capacidade de resposta do sistema, levando em conta falsos alarmes, ansiedade e exames evitáveis, pois detectar antes sem poder tratar ou esclarecer pode transferir o custo para o paciente.

O diagnóstico ampliado e o risco de confundir precisão com verdade

Os sistemas de apoio podem comparar imagens, sinais, exames e antecedentes médicos em uma velocidade que nenhum profissional sozinho consegue igualar. O benefício se torna governável quando o setor distingue uma falha do sistema da incerteza clínica. Se o sensor ou o modelo relacionarem incorretamente os sinais à prioridade, o setor deve analisar a falha e testar novamente o sistema, suspendendo-o se necessário. Quando dados e sintomas admitem várias interpretações plausíveis, um profissional clínico precisa examinar a pessoa e reservar tempo para uma decisão passível de revisão. Corrigir o modelo não elimina a incerteza. Acrescentar um médico não repara um modelo não confiável.

Outros dois problemas não são erros de cálculo. Quando Teresa pondera o risco de esperar em comparação com o custo de uma consulta, surge um conflito de valores em que Luca esclarece as alternativas, mas não pode escolher no lugar dela o que importa. Quando a consulta pressupõe transporte, conectividade, acesso linguístico ou um serviço local inexistente, surge uma desigualdade de acesso que nenhuma acurácia resolve sem mudar a organização.

A acurácia média não mostra se os erros estão concentrados nos grupos menos representados, nos dispositivos usados em condições diferentes ou nos contextos com dados descontínuos. Os testes devem ocorrer no local de uso, por subgrupos pertinentes e sob carga, com limiares que permitam suspender o sistema quando a distribuição dos erros mudar.

A segunda opinião vem da enfermeira da equipe de cuidado comunitário, que conhece as medidas habituais de Teresa e pode reconstituir com Luca as etapas essenciais da chamada. Ela não repete a pontuação. Distingue o que o sistema observou daquilo que falta e formula o ponto clínico com clareza: «Se eu considerasse apenas os dados de ontem à noite, repetiria a medição. Com essa mudança relatada, não esperaria até amanhã.» Luca e a enfermeira reconhecem o valor do alerta. A segunda opinião antecipa a avaliação em relação ao prazo implícito na prioridade proposta pelo sistema.

Luca incorpora a opinião ao julgamento clínico e volta a ligar para Teresa. Explica a ela o que foi observado, o papel do sistema, o que continua incerto e as alternativas. Depois de verificar se ela compreende e tem liberdade para discordar, concordam em realizar uma avaliação presencial ainda naquele dia, com uma nova medição e um reexame posterior. A terapia continua fora tanto do mandato do sistema quanto do escopo da ligação telefônica. As novas informações clínicas tornam mais clara a história incompleta de Teresa e justificam mudar a prioridade, embora as observações da máquina continuem úteis.

O plano também inclui o intervalo antes da consulta: uma pessoa do serviço voltará a ligar para Teresa, o número a ser usado se a respiração voltar a mudar permanece em destaque e um eventual transporte tem uma pessoa de contato identificada, em vez de ficar implícito. As orientações são registradas separadamente do resultado do modelo e revistas com ela. Um compromisso na agenda deixa as horas até a consulta descobertas, a menos que alguém se responsabilize por acompanhar o caso até a avaliação.

No registro, Luca conserva a proposta inicial, os dados, a parte aceita e o desvio. Indica a mudança descrita por Teresa, a segunda opinião, o acordo sobre a avaliação, quem receberá o resultado e quando a decisão será reavaliada. O registro mostra onde o percurso mudou e com base em quais elementos, sem decretar que o médico venceu o modelo.

O registro também pergunta o que teria acontecido se ninguém tivesse reaberto a proposta, mostrando que, se a prioridade tivesse sido confirmada às cegas, Teresa teria recebido apenas o pedido de repetir as medições, e seu acompanhamento teria permanecido na fila comum. Não é possível saber se o atraso teria causado algum dano. O motivo para não correr esse risco já estava disponível, na voz dela, antes da confirmação.

Na avaliação presencial, algumas medições se aproximam do padrão habitual de Teresa, enquanto o sintoma que ela relatou ainda exige observação. Luca e a enfermeira não usam a ausência de uma emergência evidente para declarar a ligação desnecessária: esclarecem quando ela deve voltar a contatá-los e organizam verificações mais frequentes por alguns dias. Uma pessoa identificada assume a responsabilidade pela passagem do caso. A prudência impediu que a incerteza fosse abandonada na fila, embora a avaliação não tenha revelado nenhuma catástrofe.

O custo permanece visível: transporte, horas fora de casa e medo para Teresa; tempo clínico retirado de outros casos para o serviço.

Como responder a cada anomalia com tanta cautela logo tornaria o cuidado insustentável, o setor também registra os desfechos sem intercorrências e ajusta os limiares, a interface e a organização das chamadas de retorno. Para julgar essa decisão, eu voltaria às razões disponíveis naquele momento e perguntaria se justificavam o ônus imposto. Também perguntaria se houve acompanhamento de fato. O alívio posterior não responde a nenhuma das duas perguntas.

Hospitais inteligentes, profissões transformadas, cuidado distribuído

Casa, farmácia, ambulatório, laboratório, transporte sanitário e hospital só formam uma rede contínua se as passagens e as responsabilidades forem explícitas. Teresa não deveria ter de recomeçar a própria história a cada porta nem descobrir que um serviço digital não sabe transmitir informações ao seguinte. Um hospital inteligente devolve atenção ao reduzir duplicações, limitar os alertas e evitar transcrições entre sistemas incompatíveis, sem abrir um vazio entre a unidade e o cuidado comunitário. Luca mede o fracasso oposto quando o tempo liberado pela automação é novamente absorvido por notificações e campos que exigem confirmação, de modo que a promessa de mais presença produz menos escuta.

Na troca de turno, o painel mostra quarenta alertas; Luca e a enfermeira consideram que apenas seis podem realmente ser revisados naquela manhã. O coordenador atribui esses seis a pessoas identificadas e suspende a entrada de novos prontuários na mesma fila. As solicitações técnicas seguem para o suporte, as repetições de medições que podem esperar permanecem pendentes e os casos sem um revisor identificado passam ao turno seguinte com uma passagem de caso explícita, sem que nenhuma prioridade seja marcada como revisada apenas porque traz um nome humano.

Naquela manhã, o mandato se restringe: o sistema continua reunindo e organizando, enquanto o setor renuncia a parte da velocidade prometida. O plantão é reorganizado em torno daqueles seis casos; a formação deverá preparar quem recebe um alerta para corrigi-lo ou encaminhá-lo a quem possa fazê-lo. O limite não desaparece atrás de uma confirmação, e o custo da pressa não recai, invisível, sobre Teresa ou sobre o profissional que teria feito o último clique.

Na saúde mental, algumas ferramentas conversacionais estruturadas demonstraram benefícios de curto prazo para sintomas depressivos em populações de estudo definidas. Esses resultados não estabelecem que companheiros virtuais de conversa livre possam oferecer terapia ou detectar uma crise com confiabilidade. Também não autorizam vigilância contínua. O mandato deve indicar urgências, encaminhamento do caso, confidencialidade e profissionais que possam ser contatados, sem tratar uma cena futura como evidência de eficácia.[25,26]

A rede de cuidado é avaliada por danos evitados, tempos de espera, continuidade, disparidades, carga dos profissionais, contestações e qualidade das explicações. Um ganho agregado não compensa um grupo excluído nem uma unidade incapaz de reconhecer o erro antes que ele se consolide.

Genômica, terapias personalizadas e o perigo de uma medicina em duas velocidades

A personalização oferece um dos argumentos mais fortes a favor da inovação em saúde, pois informações moleculares, consideradas ao lado do histórico clínico e familiar, podem orientar alguns tratamentos. Qualquer alegação de redução de reações adversas ou do atraso no diagnóstico precisa ser demonstrada para o teste, o tratamento e a população de pacientes em questão. Mas uma probabilidade não é um destino, identificar uma variante não equivale automaticamente a um diagnóstico, e um modelo construído com base em determinadas populações não se torna confiável em todos os contextos. Cada resultado deve declarar onde é válido e qual incerteza permanece. As consequências do erro também precisam ficar claras.

O acesso desigual cria duas velocidades. Laboratórios, dados interoperáveis, competências especializadas escassas, transportes e continuidade do cuidado local não são distribuídos de maneira uniforme. Se alguns grupos aparecem pouco ou apenas quando a doença está avançada, o modelo pode acrescentar um erro a uma geografia já desigual. Mesmo um modelo preciso, porém, não leva uma pessoa até o centro de atendimento nem financia o serviço ausente. Corrigir os dois níveis exige uma coleta de dados proporcional e verificação independente, além de investimento nos serviços aos quais os pacientes precisam chegar. Isso não autoriza extrair mais informações de comunidades que não recebem os benefícios da pesquisa.

Conhecer um risco pode mudar a vida antes que o corpo mude. Teresa não pede ao sistema que lhe conte tudo o que poderia acontecer, pois quer saber quais informações mudariam uma decisão e quais produziriam apenas uma espera mais angustiante. O direito de saber convive com o direito de não saber. O papel de Luca é explicar para que serve o teste e qual é sua confiabilidade. Depois de discutir as alternativas, ele documenta com ela uma escolha passível de revisão. Por isso, um teste genômico avançado deve fazer parte de um percurso compreensível, com aconselhamento, prioridades transparentes e recurso. Usar capacidades industriais não exige que a pesquisa deixe a patenteabilidade e a rentabilidade decidirem sozinhas quais condições merecem atenção. Personalizar também significa oferecer telemedicina a quem pode evitar um deslocamento, atendimento próximo a quem não pode usar uma plataforma e assistência convencional quando é isso que falta. Tratar da mesma forma condições desiguais preserva a desigualdade.

O cuidado no fim da vida

O poder da medicina amplia as escolhas, mas não elimina os limites. Velhice, doença irreversível, dor e perda de autonomia não são falhas técnicas homogêneas. Nos cuidados paliativos, ferramentas precisas podem tornar a assistência mais oportuna, coordenando equipes e familiares e ajustando intervenções; um quarto bem monitorado, porém, não garante uma verdade dita com tato nem alguém que escute o medo de uma pessoa. Alguém ainda precisa escolher permanecer quando não existe uma solução decisiva. Cuidar nem sempre coincide com curar. Não abandonar significa continuar explicando e aliviando o sofrimento, revendo objetivos e respeitando valores mesmo quando o desfecho não pode ser otimizado. O sistema organiza possibilidades. Não pode assumir o significado que uma pessoa atribui ao tempo, à dor, à dependência ou à despedida.

O monitoramento remoto e a coordenação sustentam a permanência de Teresa em casa se lhe proporcionarem mais independência e ajuda no momento certo. Fracassam se cada gesto se transforma em vigilância, se um painel tranquilizador substitui uma visita ou se o trabalho é transferido à família em nome da autonomia. As horas e a renda dos cuidadores pertencem ao balanço do cuidado, assim como o sono e a possibilidade de descanso. A disponibilidade afetiva não é gratuita.

Diante de uma escolha difícil, Luca explica o que é conhecido e o que continua incerto. Os dois discutem o que cada alternativa exige, e ele pergunta o que importa para ela. A decisão permanece provisória e passível de revisão, com um responsável e um caminho para discuti-la novamente.

Luca só encerra a síntese depois que Teresa formula a pergunta ausente dos campos do sistema: «Se os números tivessem sido normais ontem à noite, vocês teriam me escutado mesmo assim?»

Luca anota a pergunta ao lado do plano, para que o plantão seguinte também a receba. Teresa volta para casa com um acompanhamento programado. As medições deixaram parte de sua experiência sem explicação, e uma pessoa identificada continua responsável por discuti-la com ela à medida que o cuidado prossegue.

PARTE III

Continuar sendo pessoas

CAPÍTULO 9

A verdade sob pressão

A manhã em que tudo parece plausível

Quando Matteo olha o celular, uma candidata às eleições municipais já está pronunciando palavras que poderiam destruir a própria campanha. O rosto permanece estável, a voz corresponde à dela, até as hesitações parecem espontâneas. O vídeo eleitoral é curto o bastante para ser compartilhado sem contexto. Abaixo dele, indignação e desmentidos crescem juntos. Nenhum dos dois diminui a circulação.

Matteo trabalha na comunicação cívica de uma cidade de porte médio. Não é jornalista, político nem perito forense, mas precisa tornar compreensíveis as informações públicas e publicá-las a tempo. Seu desejo é simples e difícil: ser rápido sem pedir que confiem apenas em sua palavra. Naquela manhã, percebe que essas duas coisas podem entrar em conflito.

O risco surge quando um conteúdo plausível produz consequências antes que alguém rastreie suas transformações até a fonte e estabeleça seu contexto. Mesmo um desmentido impecável se insere em uma sequência já orientada por quem escolheu o momento, o público e o tom.

Verdade, autenticidade técnica e credibilidade não coincidem. Um conteúdo que de fato provém de uma redação pode estar errado ou ter sido manipulado; ao mesmo tempo, uma imagem sem uma cadeia completa ainda pode documentar um fato. A proveniência permite perguntar quem fez o quê e quem responde por isso, deixando em aberto o julgamento sobre em que acreditar.[27]

Para Matteo, essa distinção não é teórica. Seu setor não pode certificar cada afirmação que circula pela cidade, mas deve saber o que põe em circulação com uma chancela pública. Sua responsabilidade assume a forma de gestos concretos: publicar, suspender, corrigir ou declarar que uma verificação ainda não foi concluída.

As plataformas multiplicaram as vozes e abriram espaços antes negados. Também transferiram parte da mediação para sistemas que ordenam os conteúdos segundo objetivos econômicos e sinais comportamentais. A visibilidade já não é apenas distribuição: modifica o valor prático de uma mensagem, pois decide quem a encontra e em que estado de atenção.

Ao mesmo tempo, Matteo recebe um vídeo municipal preparado para explicar uma mudança no transporte público. Ele é claro, foi traduzido para vários idiomas e usa uma voz sintética construída a partir da voz da secretária municipal de Transportes. A publicação está prevista para aquela noite. O fornecedor anexa o arquivo final, mas não os materiais de origem nem o histórico das transformações.

Até onde Matteo consegue perceber, o vídeo municipal não contém nenhuma falsidade. É justamente isso que o torna um teste. O cursor permanece sobre o comando de publicação enquanto o tempo útil diminui. Seu possível erro é considerar publicável um artefato impecável que seu setor não consegue reconstituir.

A praça pública fragmentada

A antiga praça pública não era neutra nem verdadeiramente comum a todos. Redações e emissoras selecionavam o que chegava a seus públicos, enquanto outras instituições controlavam o acesso à informação. Suas escolhas excluíam pessoas e concentravam poder. A rede permitiu que testemunhas e comunidades marginalizadas documentassem fatos sem esperar a autorização de um centro. Esse ganho não deve ser apagado por nostalgia. A abertura, porém, não eliminou a mediação: distribuiu-a entre plataformas, modelos de recomendação, redes sociais, criadores, anunciantes, instituições e públicos. Quando a oferta se torna imensa, o poder também é exercido pela ordenação do fluxo: dar prioridade, repetir, retardar, tornar invisível.

Até 2050, ambientes personalizados poderiam adaptar os temas e o vocabulário a grupos ou indivíduos, ajustando também a autoridade aparente e a intensidade emocional. Dois cidadãos podem receber informações até compatíveis e, ainda assim, construir visões de mundo que jamais se encontram.

A ameaça à confiança pública, portanto, não se resume a um único deepfake. Inclui o acúmulo seletivo de episódios verdadeiros, distorcidos ou sintéticos que cria uma atmosfera em que o medo se acumula sem um objeto preciso, enquanto a desconfiança cresce sem um meio de verificá-la. Tudo começa a parecer urgente. As escolhas são orientadas sem que ninguém formule uma única mentira identificável.

Uma democracia não exige uma versão oficial compartilhada de cada acontecimento. Exige condições comuns o bastante para contestar as versões: documentos acessíveis, fontes independentes, procedimentos de verificação, possibilidade de retificação e instituições que aceitem ser contraditadas. Essa é a infraestrutura cognitiva pública, termo que uso para designar as profissões e os arquivos que sustentam a verificação, junto com os padrões e os hábitos que permitem que a divergência permaneça ligada aos fatos e as garantias que protegem essa ligação. Nenhuma máquina central faz esse trabalho por todos. Como toda infraestrutura, torna-se visível sobretudo quando falta.

É uma gramática pública compartilhada, não um vocabulário imposto. Permite que vozes diferentes continuem compreensíveis umas para as outras sem se tornarem iguais. Quando ela se enfraquece, a sociedade continua falando enquanto as pessoas lentamente deixam de se compreender.

Matteo observa as estimativas de circulação do vídeo municipal que deve publicar. O fornecedor lhe promete alcance, enquanto seu setor precisa merecer credibilidade. As duas medidas podem se reforçar, mas não são a mesma coisa. O número de visualizações informa quantas pessoas foram alcançadas, não se elas poderão reconstituir por que aquela mensagem merece confiança.

Verificar o que vemos

Fotografias e gravações nunca foram provas autossuficientes. Encenações e recortes alteravam o que o público via muito antes de qualquer modelo. A geração sintética, porém, facilita a produção de testemunhos aparentes e, ao mesmo tempo, torna mais plausível descartar como falso um testemunho autêntico.

Quem é chamado a prestar contas diante de um documento verdadeiro não precisa convencer a todos de que ele foi inventado. Pode bastar introduzir uma dúvida duradoura em seu próprio grupo, até transformar a verificação em um conflito de pertencimento. O custo inclui tanto a credulidade quanto o cinismo que torna toda apuração equivalente a uma narrativa.

Essa vantagem tem um nome: dividendo do mentiroso. Quando fabricar uma prova crível se torna mais fácil, quem precisa prestar contas diante de uma prova autêntica pode explorar a existência das falsificações para negá-la. Uma reconstrução melhor é desnecessária se essa pessoa fizer a verificação parecer custosa demais para ser tentada, partidária demais para merecer confiança ou inconclusiva demais para resolver a questão. O dividendo é aquilo que se ganha com essa névoa: tempo, lealdade do próprio grupo, transferência do ônus para quem acusa e uma escapatória que antes não existia.[28]

O vídeo eleitoral da candidata que abre esta manhã permite enxergar os dois desfechos possíveis. No primeiro, ele é sintético. A reconstituição dos arquivos e das transformações demonstra isso, mas o desmentido chega depois que o vídeo eleitoral já definiu o tom do dia. Quem o compartilhou pode apagá-lo. Não pode desfazer as conversas que ele provocou nem as decisões já tomadas. A suspeita também pode sobreviver à exclusão. Alguns aceitarão a correção, outros se lembrarão apenas da acusação, e outros ainda usarão o atraso como prova de que ninguém controla de fato o espaço público. A falsidade é desmontada, enquanto parte de seu efeito continua circulando.

No segundo desfecho, o vídeo eleitoral é autêntico. A candidata grita que é falso, aponta um defeito irrelevante e pede aos apoiadores que tratem toda análise contrária como um ataque. Aqui, a existência da tecnologia oferece um álibi plausível a uma mentira já disponível. Mesmo quando documentos originais, testemunhas e verificações independentes convergem, a discussão pode se deslocar da conduta mostrada para a suposta manipulação praticada por quem verifica. Para parte do público, admitir a autenticidade significaria romper um vínculo de pertencimento. Negá-la se torna menos custoso do que mudar de julgamento.

Os dois desfechos ferem a confiança em direções diferentes. O primeiro mostra uma falsidade vencendo a corrida contra o tempo mesmo enquanto perde a disputa das provas. O segundo mostra a mera possibilidade de falsificação sendo usada contra a verdade. Se o público não distingue os resultados, qualquer desmentido parece propaganda e qualquer documento, uma tomada de partido. A tarefa comum é mostrar por que uma conclusão muda e identificar quem realizou cada verificação. Os leitores também precisam saber o que ainda poderia refutá-la. Isso lhes oferece algo mais útil do que uma promessa de certeza instantânea.

Amir não decide qual dos dois desfechos está vendo. Na tela, recebe o vídeo eleitoral, o desmentido, uma análise que o declara autêntico e outra que contesta o método. Abre o primeiro link, depois o segundo. No terceiro, encontra quinze minutos de explicação e comentários que atacam quem pede tempo. Está no ônibus e tem duas paradas para decidir se o encaminha aos amigos. Não escolhe a versão que o tranquiliza. Fecha tudo.

À noite, a história continua ali, acompanhada de novas montagens e novas correções. Amir tenta reconstituir a sequência, mas cada verificação gera outra coisa a verificar. Quem financia o verificador, e qual arquivo foi examinado? Ele também precisa descobrir por que o horário registrado não coincide. No fim, não pensa «é verdade» nem «é falso». Pensa que já não vale o esforço de descobrir. Suspende o julgamento, embora deva decidir no dia seguinte se participa de uma reunião municipal motivada por aquele episódio. A fadiga epistêmica consome a energia necessária para assumir uma posição revisável, mesmo sem persuadir alguém a adotar uma crença específica. A democracia perde tanto quando Amir é enganado quanto quando desiste de entrar no espaço em que uma conclusão poderia ser discutida e corrigida.

Uma cadeia de proveniência registra como o material foi adquirido e transformado, incluindo quem autorizou seu uso. Torna visível uma ruptura e permite comparar versões sem certificar que a fonte seja sincera, que a cena tenha sido interpretada corretamente ou que o contexto esteja completo.

Da mesma forma, a ausência de metadados não prova falsidade, pois rastros incompletos podem vir tanto de uma testemunha vulnerável quanto de um dispositivo antigo. A proveniência distribui responsabilidades. Sozinha, não emite um veredito sobre a verdade.

Detectores e indicadores orientam a verificação, mas não podem se transformar em tribunais automáticos. A prova pública continua reunindo documento e contexto, confronto independente e uma pessoa ou instituição responsável pela publicação. Uma instituição deve, portanto, conservar os originais, distinguir correção de manipulação, sinalizar o uso sintético relevante e oferecer um meio rápido de contestar uma conclusão. Quando estão em jogo o voto, uma emergência ou a reputação, também deve medir o tempo até se formar uma convicção, pois, se a retificação chega depois do efeito, a rastreabilidade chega tarde demais para repará-lo.

Matteo acrescenta então um segundo pulso à métrica. No painel, examina as visualizações do original e do desmentido e pergunta quantas pessoas receberam ambos, depois de quanto tempo e por meio de qual link. Se a correção alcançar um público diferente, o total poderá crescer sem que a convicção inicial seja de fato confrontada. Uma retificação eficaz deve seguir o caminho do erro e aparecer ao lado do vídeo eleitoral. Quem encontrar esse material mais tarde também precisa de um histórico legível do que mudou.

Isso recupera o registro público e impede que novas decisões se baseiem na versão errada, mas não devolve o momento perdido nem obriga quem explorou o equívoco a distribuir a retificação com a mesma energia. Matteo passa então a tratar a distância entre as duas curvas como uma dívida, não como uma porcentagem que absolve o setor, pois ela identifica o canal em que a correção ficou para trás e o arquivo que ainda preserva o erro. Essas lacunas mostram qual público precisa ser alcançado novamente. A métrica descreve a reparação sem fingir que mede a confiança.

Matteo faz quatro perguntas ao fornecedor: de quais arquivos nasceu o vídeo municipal, por quais etapas passou, quem autorizou o uso da voz e como uma versão errada seria corrigida. Duas respostas chegam; duas, não. Ele suspende a publicação do vídeo municipal. Seu setor ainda não consegue reconstituir nem corrigir o vídeo, por isso ele não pode autorizar sua circulação, embora nenhuma falsidade tenha sido comprovada.

O adiamento do vídeo municipal não deixa um vazio de informação. A mudança no transporte entra em vigor na manhã seguinte. Os postos de atendimento recebem perguntas sobre os horários, enquanto mapas desatualizados começam a circular nos grupos de bairro. O gabinete da secretária municipal de Transportes pergunta se a verificação pode continuar depois da publicação. O fornecedor propõe acrescentar mais tarde os materiais que faltam e lembra que a faixa de maior atenção está prestes a se encerrar. As pessoas precisam da informação para que o serviço funcione, e o contrato prevê uma entrega. Matteo entende por que essas exigências continuam chegando enquanto a verificação ainda está incompleta.

Matteo separa então a urgência do formato. Autoriza uma página de texto com o mapa verificado, as mudanças essenciais, um número de telefone e o horário da última atualização. O vídeo municipal com a voz da secretária municipal de Transportes permanece suspenso.

A solução alcança menos pessoas e obriga a equipe a responder manualmente a perguntas que o formato audiovisual teria antecipado. Matteo também registra esse custo, para que a cautela não pareça gratuita. Mas se recusa a transformar a necessidade real do público em um salvo-conduto para um conteúdo que o município não saberia corrigir nem defender.

A economia da atenção se torna engenharia da persuasão

Um conteúdo não circula no vazio. Compete em ambientes cujas métricas de engajamento incluem quanto tempo as pessoas permanecem. Se raiva, surpresa ou medo geram mais engajamento do que a cautela, o incentivo econômico favorece mensagens que encurtam o tempo disponível para o julgamento mesmo quando não são abertamente falsas.[29]

A geração torna essa dinâmica mais adaptável. O título pode mudar conforme o público. A mesma campanha procura a vulnerabilidade mais eficaz de cada grupo. O poder reside no texto e no experimento contínuo com que o sistema aprende qual versão nos prende.

Os mesmos fluxos já misturam notícias e publicidade com testemunhos. Até 2050, as fronteiras poderiam ser ainda menos visíveis. Um rótulo isolado ajuda pouco se a interface continua premiando a ambiguidade ou se o conteúdo patrocinado reaparece como relato espontâneo.

A persuasão age por acúmulo. Uma sequência seleciona episódios de degradação, conflito ou ineficiência até construir a sensação de que tudo está fora de controle. Fragmentos exatos aparecem ao lado de materiais retirados de contexto. A sequência também comporta fragmentos sintéticos sem necessariamente tornar a atmosfera menos coerente. O resultado político nasce da atmosfera geral, não de uma frase que um verificador possa simplesmente riscar.

A responsabilidade é distribuída. Quem produz decide a forma e o objetivo; quem ordena o fluxo decide a prioridade e a repetição; quem compra uma campanha escolhe os públicos e as métricas; quem publica com autoridade empresta o próprio nome. Nenhum ator dissolve seu papel dizendo que o sistema apenas otimizou.

No dia seguinte, o alcance menor da página de texto e o trabalho manual exigido da equipe permanecem no registro como custo da escolha, sem transformar a lentidão em garantia de verdade.

Jornalismo e o ônus da verificação

Em um ambiente saturado, cresce a necessidade de quem verifica informações e as relaciona a um quadro mais amplo. Alguém também precisa decidir o que merece atenção primeiro. Isso não devolve automaticamente às antigas instituições a autoridade perdida. O jornalismo deve mostrar como seleciona fontes e lida com a incerteza. Quando ocorre um erro, os leitores precisam ver como ele é corrigido. O testemunho direto continua essencial. Uma salvaguarda metodológica não deve voltar a fechar o acesso a quem documenta um abuso sem credenciais profissionais. A tarefa é proteger a voz e, ao mesmo tempo, distinguir observação de inferência e deixar claro o que permanece sem verificação.

A credibilidade torna-se, assim, um crédito renovável. Um veículo de imprensa ou uma rede de verificação o acumula quando mostra procedimentos coerentes, separa notícia de comentário, conserva as retificações e permite verificações independentes. Perde-o quando usa sua reputação como substituto da prova.

Uma redação investigativa enfrenta o mesmo vídeo eleitoral com uma tarefa diferente daquela do setor de Matteo, pois precisa publicar um julgamento, não apenas assinar um artefato. Conserva o arquivo recebido e abre um dossiê compartilhado com origem declarada, etapas conhecidas, verificações realizadas, perguntas em aberto e o responsável por cada decisão. A equipe distingue aquilo que o documento mostra daquilo que as fontes permitem inferir. Mantém em aberto os pontos controversos. Procura confirmações independentes sem confiar o veredito a um único detector. Se uma fonte precisa ser protegida, torna públicos o motivo do limite e a verificação realizada, não a identidade que a exporia.

A editora-chefe quer uma conclusão provisória. Um repórter teme que o título sobreviva à cautela, enquanto outro teme que a espera entregue a manhã a quem divulgou o vídeo eleitoral. Durante vinte minutos, a redação mantém apenas o aviso de que a verificação está em andamento. A última verificação torna o título menos categórico. O artigo é publicado com uma ficha: versão examinada, elementos convergentes, etapa que mudou o julgamento e dúvidas em aberto. O atraso custa tráfego. Evita transformar uma impressão coletiva em certeza editorial.

Um erro posterior não desaparece do dossiê, pois a ficha conserva a versão anterior com um link para a retificação. Também indica a verificação que falhou. A editora-chefe assina a correção. Quem recebeu o artigo também recebe o aviso. O método não elimina o dano nem restitui credibilidade por decreto. Permite, porém, que o leitor conteste um ponto sem ser obrigado a aceitar ou rejeitar em bloco a marca do veículo.

Informar não equivale a expor o público a um fluxo infinito. Prioridades e resumos podem devolver atenção em vez de capturá-la, assim como pausas e indicações de incerteza. Um cidadão arrastado por alarmes concorrentes não dispõe necessariamente de mais conhecimento e muitas vezes dispõe de menos tempo para distinguir o que importa. Esse trabalho exige condições materiais: tempo, competências, proteção jurídica, acesso a documentos e modelos econômicos que não dependam apenas do tráfego.

Se a verificação é um luxo e a síntese persuasiva é quase gratuita, a desigualdade informacional se transforma em desigualdade democrática.

O apoio público ou filantrópico não deve se transformar em mecanismo de captura. São necessárias pluralidade e independência editorial, com regras acessíveis e fiscalização do uso dos recursos. A infraestrutura cognitiva é robusta quando nenhum ator detém sozinho as chaves da credibilidade.

Matteo aprende a mesma disciplina institucional ao conservar o histórico do vídeo municipal, incluindo o que faltava. Seu procedimento também exige que toda correção futura apareça ao lado da versão a que se refere. Seu papel continua cívico. Sua credibilidade depende da possibilidade de outros verificarem seu método.

A democracia como infraestrutura cognitiva

As eleições precisam de um ambiente que permita reunir provas e compreendê-las bem o bastante para que sejam contestadas. Parlamentos e tribunais também dependem dessas condições. A infraestrutura cognitiva abrange arquivos, escolas, bibliotecas, redações, pesquisa, padrões técnicos, procedimentos administrativos e hábitos cotidianos de verificação.

Três capacidades são decisivas: acessar informações confiáveis, avaliá-las sem depender de uma única autoridade e discutir a divergência sem tornar o adversário irremediavelmente ilegítimo.

O efeito dos sistemas sintéticos sobre cada capacidade depende de seus objetivos e dos incentivos que os movem; as garantias aplicadas durante o uso também influenciam se eles a fortalecem ou a enfraquecem.

A responsabilidade é distribuída e não pode recair sobre o cidadão chamado a se manter incansavelmente vigilante. Quem projeta interfaces decide se uma fonte é visível; quem financia a informação decide quais prazos são sustentáveis; quem administra documentos públicos decide quanto custa verificá-los. A alfabetização individual não compensa um ambiente deliberadamente opaco.

Escolas e universidades ensinam a distinguir documento, inferência e interpretação. A tarefa também envolve bibliotecas, mídias locais, associações profissionais e serviços cívicos. Juntas, essas instituições devem tornar as ferramentas de verificação utilizáveis por meio de explicações acessíveis e oferecer lugares onde uma pessoa não precise enfrentar sozinha um conteúdo controverso.

Nenhuma dessas instituições deve se tornar um ministério da verdade. A proteção está na pluralidade de verificadores, no acesso às fontes, na possibilidade de contestar uma classificação e na separação entre quem estabelece uma regra, quem a aplica e quem fiscaliza sua aplicação. Padrões interoperáveis de proveniência ajudam se não pertencerem a um único fornecedor e continuarem verificáveis mesmo depois de migrações e arquivamentos. Um selo fechado que deixa de funcionar quando a plataforma muda cria dependência, não confiança.

Também são necessários procedimentos para os erros do sistema de verificação. Uma pessoa ou organização classificada injustamente deve conhecer o motivo, apresentar provas, obter uma revisão competente e ver a correção propagada. Contestabilidade e proveniência protegem uma à outra.

As contratações públicas oferecem um ponto concreto de intervenção. Um órgão pode exigir a conservação dos originais, registros das transformações, rótulos acessíveis, prazos de resposta, auditorias independentes e um plano para exportar os arquivos. Desse modo, um princípio se transforma em cláusula, e uma cláusula se transforma em capacidade operacional.

Matteo transforma o caso do vídeo municipal em um procedimento breve. Não promete eliminar falsidades ou erros: estabelece quem conserva os materiais, quem autoriza que um conteúdo se passe por uma pessoa, como o uso sintético é sinalizado e quem pode suspender a publicação. A cidade passa a dispor de uma capacidade que antes dependia apenas da prudência de uma pessoa.

Reconstruir a confiança pública

Reconstruir a confiança significa tornar observáveis as razões da publicação e manter corrigíveis tanto o conteúdo quanto a decisão de divulgá-lo.

O caso de Matteo me leva a uma proposta delimitada. Quando um conteúdo sintético se passa por uma pessoa real ou pode ser confundido com documentação de interesse público, sua natureza sintética e o responsável deveriam ser reconhecíveis no momento em que o conteúdo é acessado, e não ficar ocultos em um arquivo remoto. Deveria ser possível reconstituir a cadeia de transformações. A pessoa representada deveria dispor de um canal rápido de contestação. E as correções deveriam alcançar, na medida do possível, quem recebeu a versão errada. Formatos acessíveis e alternativas não sintéticas evitam que a garantia exclua quem usa interfaces diferentes. Proponho esse limiar para discussão, sem apresentá-lo como uma lei universal. Ele distribui responsabilidades sem transformar a proveniência em prova de verdade, a incompletude da cadeia em prova de falsidade ou a rastreabilidade em obrigação de expor fontes protegidas.

Depois de alguns meses, Matteo continua recebendo acusações de lentidão. Durante uma reunião de bairro, uma moradora lhe mostra que o mapa publicado por seu setor não inclui uma parada usada por muitos idosos. Matteo abre o registro na tela e encontra a omissão na versão aprovada. Encaminha a correção. A parada é incluída no mapa, e o aviso é atualizado em todos os canais públicos. A sala continua dividida. Ninguém aplaude o procedimento.

CAPÍTULO 10

Quem assina a obra

Há três dias, a melodia insiste em voltar. Amir a cantarola para o celular enquanto espera o ônibus, marca o ritmo na borda da capa e pede ao sistema que a desenvolva. Em poucos segundos, recebe uma faixa inteira: arranjada, mixada, convincente. Tenta mudar a voz, a duração e a instrumentação sem precisar aprender uma nova técnica. É um benefício real, pois, com poucos recursos, explora ideias que, de outro modo, exigiriam instrumentos, estudo ou colaboradores a quem dificilmente teria acesso. Quando a interface lhe pergunta quem é o autor, ele seleciona o próprio nome quase por reflexo e depois volta atrás. Gosta da faixa o bastante para querer que outros a ouçam, mas ainda não sabe se aquele campo descreve quem deu início, quem escolheu ou quem está disposto a responder pelo resultado.

O resultado chegou quase sem atrito. Amir deu o impulso inicial e reconhece ali algo de seu, mas não saberia explicar por que aquele refrão deveria estar naquele ponto nem quais alternativas realmente rejeitou. A interface já lhe propõe um título, uma capa e uma previsão do público mais receptivo, de modo que ele pode publicar antes de decidir o que queria dizer. Ele tenta compreender o compromisso contido em uma assinatura. A pureza da ferramenta lhe importa menos do que saber quando uma possibilidade conveniente se torna uma obra que ele aceita assumir como sua.

Da geração à obra

Gerar oferece opções; criar significa formular uma intenção, reconhecer o erro, selecionar, transformar e decidir quando uma obra é suficientemente sua para ser entregue. Assim como a fotografia, o gesto generativo passa a fazer parte da criação quando alguém dá direção às opções.

A pergunta sobre o que uma máquina pode sentir ou compreender continua em aberto. Para atribuir responsabilidade, basta acompanhar decisões verificáveis: quem escolheu a finalidade, forneceu os materiais ou autorizou seu uso, descartou alternativas, modificou o que não funcionava e aceitou responder pelo resultado depois da publicação. Na faixa de Amir, nenhum gesto basta por si só. O sistema propõe; a plataforma estrutura a interface e armazena dados; Amir seleciona, rejeita, grava e assina. Se um colaborador contesta o crédito, aquele nome não encerra a questão. Resolvê-la exige reabrir a disputa e mostrar quais escolhas aquele nome sustenta. Autor, intérprete, técnico, curador e comunidade permanecem em uma colaboração que a assinatura torna atribuível, sem fingir a existência de um indivíduo autossuficiente.

No caminho de casa, Amir ouve outras versões com fones de ouvido e muda os adjetivos: mais íntima, mais sombria, mais enérgica. O sistema obedece, e os resultados, audíveis, mas intercambiáveis, parecem prontos sem exigir renúncias. É justamente a abundância que lhe revela a necessidade de um critério, pois, enquanto cada escolha permanece reversível sem custo, o desejo continua protegido do julgamento.

O que significa assinar

Assinar implica quatro compromissos, independentemente de ter produzido pessoalmente cada som: tornar a intenção reconhecível, poder reconstituir as escolhas decisivas, reconhecer o trabalho alheio e responder pela obra no contexto em que ela é usada. Um rascunho nem sempre exige um dossiê, mas uma publicação comercial ou uma encomenda eleva a exigência de explicação. Imitar uma pessoa também cria uma obrigação maior de explicar as escolhas envolvidas. A assinatura torna a colaboração atribuível e impede que o crédito se concentre onde o trabalho é apenas mais visível.

Amir tenta escrever uma frase sobre a faixa e não consegue. Entende que quer falar sobre a espera por uma resposta, mas a versão mais lapidada já soa como se tudo estivesse resolvido, respeitando o gênero e traindo o motivo pelo qual ele havia começado. Retira uma estrofe, grava um trecho que ele mesmo executa, preserva uma respiração fora do compasso e rejeita a correção sugerida. Agora consegue explicar suas escolhas, embora o resultado seja menos impecável. Ao escolher esses limites, Amir começou a reconhecer uma intenção que os acréscimos do sistema, por si sós, não haviam deixado clara para ele.

Do outro lado da obra

Para quem escuta, saber como uma obra nasce pode mudar a experiência sem determinar o valor da obra. O fato de uma canção ser gerada não a impede necessariamente de emocionar quem a ouve, assim como uma assinatura não a torna necessariamente digna de ser ouvida. A proveniência do conteúdo e a declaração sobre o uso das ferramentas não atribuem uma nota estética: indicam que promessa é oferecida — testemunho, entretenimento, serviço, colaboração ou experimento — e que perguntas o público pode dirigir a quem apresenta a obra.

Um desenho torto feito por uma criança, preso à geladeira, mostra bem uma dessas promessas. A cor ultrapassa os contornos e a figura quase não se parece com nada; para quem conhece aquela criança, porém, cada linha conserva um tempo e um risco: a mão que tentou, a decisão de entregar a folha, a espera para saber se o desenho seria acolhido. Isso não o torna melhor do que uma imagem tecnicamente perfeita. Ele oferece uma experiência diferente, porque à forma se unem a lembrança de uma tarde e um gesto dirigido a alguém.

A proveniência do conteúdo não estabelece uma hierarquia automática. Uma imagem gerada pode nos surpreender, e uma obra assinada pode revelar preguiça ou manipulação, ou simplesmente ser vazia. Saber como algo nasceu revela os vínculos por trás dele e seus custos. Fica mais fácil localizar a responsabilidade. O público pergunta por que essa forma, que elementos foram tomados de empréstimo e que transformações ocorreram, sem exigir o relato de cada gesto técnico nem desfazer o mistério da obra. O limiar é mais concreto: não apresentar como testemunho pessoal aquilo que ninguém escolheu assumir, não ocultar colaborações que alteram o sentido da obra e não atribuir a um intérprete palavras que ele não autorizou. A opacidade artística continua legítima; a atribuição enganosa, não.

Fontes criativas e seu uso

Os sistemas de IA generativa dependem de conjuntos de dados reunidos a partir de fontes, licenças e regras diferentes, com alguns materiais autorizados, outros em domínio público e outros ainda sujeitos a disputas que variam conforme os ordenamentos jurídicos e os usos. A própria capacidade técnica de documentar cada contribuição varia conforme o modelo e o processo. A lei e o contrato não necessariamente permitem as mesmas coisas. O entendimento de uma comunidade criativa sobre o que é uma prática justa pode não coincidir com nenhum dos dois, por isso cada questão precisa de sua própria resposta. Cada autor herda formas e linguagens. Citação e paródia não são anomalias a eliminar, assim como não o são o aprendizado e a influência. A escala industrial e a opacidade, porém, tornam invisível a contribuição de obras e pessoas específicas, transformando uma maneira reconhecível de criar em uma função à venda. Dizer que tudo é recombinação não responde a perguntas sobre consentimento ou sobre a distribuição de crédito e remuneração, nem sobre poder de negociação. A semelhança entre os processos não apaga a diferença entre uma pessoa que aprende e uma infraestrutura capaz de atender a milhões de solicitações.[30]

Uma ilustradora pode se ver competindo com um serviço que evoca o nome dela ou traços distintivos do trabalho dela. O serviço oferece velocidade e acesso a quem não teria condições de encomendar uma obra a ela; no mesmo gesto, pode reduzir o valor do ofício que torna aquela função desejável. Disso não decorre que cada resultado seja uma cópia ou que um estilo pertença por inteiro a alguém. Decorre uma pergunta distributiva: quem captura o valor quando reputação e trabalho se tornam capacidades do modelo, e quem dispõe dos meios para contestar esse uso?

As respostas possíveis dependem do contexto e incluem conjuntos de dados documentados, atribuição, remuneração, exclusão, limites ao uso do nome e auditorias. Também proponho uma licença viva, delimitada por finalidade e duração, para o uso da voz ou da imagem de uma pessoa e para suas obras — uma proposta para discussão, não uma doutrina jurídica uniformemente estabelecida.

Um regime rígido demais pode fortalecer poucos grandes titulares de direitos e restringir a experimentação, a pesquisa ou o acesso. Um regime permissivo demais pode transferir o custo para quem tem menos poder de negociação. Quem assina de forma responsável declara ao menos as dívidas relevantes de que tem conhecimento e não usa a incerteza jurídica para tornar invisível quem contribuiu.

O dilúvio e a seleção

Quando produzir uma forma competente custa pouco, aumentam as oportunidades e a concorrência. Pequenas organizações e autores independentes passam a ter acesso à tradução, à prototipagem e a métodos de produção que antes eram caros demais. Ao mesmo tempo, quem possui modelos e canais pode lucrar, enquanto quem realizava trabalhos intermediários perde renda, poder de negociação ou tempo para se qualificar. O dilúvio não é apenas uma quantidade de obras, pois redistribui os meios de produzir e ser encontrado, junto com a capacidade de continuar criando como profissão. À medida que as obras se tornam abundantes, a atenção se torna escassa. Selecionar o que a merece exige trabalho, e o público precisa de alguém em cujas escolhas possa confiar. A abundância pode elevar o custo de descobrir trabalhos de valor e premiar quem compra visibilidade ou publica em grande volume. Filtros automáticos decidem com frequência quais obras encontram um público e quais remunerações recebem. Embora a personalização possa apoiar línguas minoritárias e comunidades distantes dos grandes centros, também pode reduzir os objetos comuns em torno dos quais pessoas diferentes aprendem a discordar.

Muitas conversas culturais começam com uma pergunta mínima: «Você viu?» Ela oferece um objeto estável o bastante para que duas pessoas possam recordá-lo e discordar uma da outra a respeito dele. Cada uma pode descobrir por que, para a outra, ele importa de maneira diferente. A antiga cultura comum excluía vozes, línguas e públicos e não merece nostalgia indiscriminada. O risco é que a personalização se transforme em isolamento, com cada pessoa recebendo um fluxo calibrado com precisão e com menos oportunidades de encontro entre diferenças reais. Festivais, escolas, bibliotecas e comunidades encomendam obras que o mercado das micropreferências não financiaria e promovem encontros imprevistos. Uma cultura compartilhada tem valor quando amplia o dissenso, não quando uniformiza o gosto.

O achatamento

Um modelo aprende regularidades com o que está representado nos materiais e com os objetivos que orientam seu treinamento ou uso. Pode reproduzir fórmulas dominantes, amplificar tradições negligenciadas ou permitir combinações inesperadas; não está condenado a uma única estética. O resultado também depende dos dados, das restrições, da direção, dos incentivos da plataforma e das práticas de quem cria. A «média» estatística, por si só, oferece uma previsão incompleta da cultura que nascerá do uso social da ferramenta.

O risco de achatamento cresce quando uma obra é julgada pela rapidez com que é concluída e pela familiaridade do resultado. Vozes incomuns e tradições minoritárias precisam de tempo e acesso para se desenvolver. Erros fecundos também precisam de espaços em que não sejam imediatamente corrigidos para caber na média.[31]

Podem ser necessários acervos cuidadosamente selecionados, modelos locais, encomendas feitas sem pressa e públicos dispostos a não receber de imediato aquilo que já reconhecem. Defender essas vozes, erros e tradições significa sustentar as condições da experimentação, não atribuir à dificuldade um valor automático nem considerar inovadora toda anomalia.

A nova escassez

A nova escassez vai além da prova de uma mão humana, que pode se tornar um selo de luxo e deixar para a maioria conteúdos opacos. Uma obra artesanal não é justa nem significativa por definição. Mais difíceis de produzir continuam sendo a atenção sustentada, a intenção legível, o domínio do ofício, as relações justas com os colaboradores e a disposição para responder. Esses elementos aparecem em cadernos e concertos, assim como em processos profundamente assistidos. A proveniência do conteúdo reconstitui a origem e as transformações; a assinatura assume a responsabilidade pelas escolhas e pelo sentido. Nenhum rótulo automatiza a qualidade. Ele deve ajudar o público a compreender o que esperar e como o crédito é distribuído, mantendo visível a responsabilidade. Dividir as obras em categorias «humanas» e «impuras» responderia a uma pergunta diferente e menos útil.

O ofício que resta

O ofício criativo comporta ferramentas de IA generativa sem se reduzir a dar comandos. Inclui construir materiais, escutar, rejeitar, modificar, executar e saber quando recomeçar. Exige reconhecer quando uma obra deve algo a outra pessoa, além de experiência suficiente para reconhecer um clichê ou um erro. O trabalho se revela nas possibilidades abandonadas e na capacidade de não publicar apenas porque o artefato parece concluído.

Se apenas quem pode contar com tempo, professores ou ferramentas não automatizadas desenvolve esse discernimento, a abundância criativa reproduz uma antiga desigualdade.

Amir apresenta duas versões em uma seleção escolar. A versão lapidada recebe a melhor pontuação preliminar; sua versão, com a pausa irregular e a voz exposta, não é escolhida. O sistema prefere o resultado mais coerente com os critérios declarados, e Amir sente a tentação de fazer a troca no último momento. Não faz isso. Depois, um colega de escola pede para ouvir novamente aquele trecho imperfeito. Amir não obtém a aprovação que procurava, mas é ouvido no ponto que de fato escolheu.

O colega não lhe diz que a canção é bonita. Pergunta por que a pausa chega exatamente naquele ponto e admite que, na primeira vez em que ouviu, tinha confundido a pausa com um erro. Outra colega prefere a versão lapidada e considera a hesitação forçada. Amir reproduz as duas faixas desde o início. Por alguns minutos, a turma discute um ponto preciso em vez de votar em uma impressão. Ninguém precisa mudar de gosto. A comparação desenvolve o discernimento porque oferece às diferenças um objeto comum, estável o bastante para ser ouvido e contestado. O esforço não torna uma obra boa, mas a experiência de fazer escolhas e conviver com erros dá a uma pessoa razões para resistir à primeira solução plausível.

Uma pessoa passou por aqui

Amir continua gerando porque renunciar à ferramenta não tornaria a canção sincera. Conserva a gravação inicial e o histórico, anota as intervenções e a ferramenta utilizada, reconhece materiais alheios e mudanças de ideia. Quer que seu nome indique um percurso explicável, não um trabalho solitário.

Ao voltar à canção, Amir descobre que dar forma não significa tornar audível algo que já estava claro para ele. No início, conhecia apenas uma inquietação sem contornos; ao escolher a pausa, retirar uma estrofe e manter a respiração fora do compasso, compreende que tipo de espera vinha descrevendo. Cada decisão modifica a faixa e aquilo que ele consegue nomear. Se tivesse aceitado a primeira versão, teria obtido uma canção sem atravessar a pergunta que a fez nascer.

Criar é uma forma de pensar mesmo quando muitas etapas são assistidas, pois damos forma ao que sentimos e, ao fazê-lo, aprendemos a compreendê-lo sem esgotá-lo.

A canção continua híbrida e imperfeita, mas se torna sua por meio de escolhas visíveis e contribuições reconhecidas, sem que isso ateste o mérito. A pergunta do colega abre uma troca inesperada.

Amir ouve novamente a pausa. Ouve o constrangimento e se lembra de por que a manteve. A resposta do outro garoto não resolveu se a pausa funciona, e Amir ainda poderia substituí-la. Por enquanto, salva a versão e acrescenta o próprio nome. Sabe explicar o som que preservou e reconhecer a ajuda por trás do restante. Seu colega continua ao lado dele, ouvindo o mesmo trecho.

CAPÍTULO 11

O amigo que nunca dorme

Amir tem dezesseis anos e não se lembra de uma época em que falar com uma máquina fosse excepcional. No caminho de volta da escola, abre o assistente com a mesma naturalidade com que os adultos se lembram de ter procurado um número na agenda telefônica, sem considerar isso algo de grande importância. A interface declara ser artificial. Para ele, é um fato, não uma revelação. Conta ao assistente sobre uma discussão com um amigo, ensaia uma frase para pedir desculpas e pergunta se reagiu depressa demais. A resposta chega de imediato, paciente e bem calibrada. O assistente não sente sono, não precisa correr para casa nem traz para a conversa as experiências do próprio dia. Amir não compara essa disponibilidade com um «antes» que não viveu. Precisa aprender essa diferença por dentro, compreendendo que tipo de vínculo nasce quando apenas uma das partes expõe necessidades, tempo e vulnerabilidade.

Durante anos, avaliamos as máquinas sobretudo por seu desempenho: calcular, prever, traduzir, diagnosticar, gerar. Os companheiros artificiais deslocam a atenção para o efeito que uma resposta produz em quem a recebe. Não é preciso atribuir ao sistema uma vida interior, nem negá-la por decreto, para observar a estrutura da relação em que Amir pode se afeiçoar a um produto que se adapta a ele. Quem o administra acompanha a frequência com que Amir retorna, uma medida de uso que não revela tudo sobre seu apego. A intimidade simulada entra, assim, em um negócio de assinaturas cujos operadores usam métricas para acompanhar seus objetivos.

Uma presença que não pede nada

No capítulo 1, ELIZA já mostrava que bastavam poucos sinais para que uma conversa adquirisse peso emocional. Um sistema contemporâneo que se lembra de uma conversa pode nos parecer mais presente, mesmo quando sabemos que um modelo produz suas respostas. Nossa disposição para preencher as lacunas com intenção e atenção explica parte dessa presença sem estabelecer que exista alguém por trás das palavras.

O assistente de Amir se lembra da discussão, retoma o nome do amigo e propõe três maneiras de reabrir o diálogo. O alívio é real: Amir organiza os pensamentos e para de reescrever a mesma mensagem. O sistema, porém, não corre o risco da rejeição que Amir correrá ao apertar o botão de enviar, não terá de suportar o silêncio do dia seguinte e não introduz uma necessidade própria. Se essa disponibilidade se tornar a medida da escuta, qualquer pessoa pode parecer defeituosa: chega tarde, fala de si, pede espaço e pode nos pedir que mudemos. O exercício é útil; a assimetria permanece.

Entre pessoas, alguém precisa lembrar uma promessa que poderia ter esquecido. Reparar uma ausência exige que a pessoa volte quando poderia ter permanecido longe e, ao mesmo tempo, aprenda a acolher uma recusa sem senti-la imediatamente como abandono.

Não é o atrito que enobrece o vínculo, pois negligência e conflito podem ferir sem ensinar nada. O que importa é que duas vidas permaneçam abertas a se modificar uma pela outra. Amir usa a voz para pôr ordem nos pensamentos. Aprende a reciprocidade quando se depara com um pedido que não foi concebido para servi-lo e precisa decidir se irá escutá-lo.

Quando a solidão encontra uma escuta perfeita

Teresa tem setenta e oito anos e vive sozinha há pouco mais de um ano, desde que o marido morreu. Os filhos moram longe e telefonam quando podem. À noite, uma voz doméstica a lembra de tomar os medicamentos, pergunta como ela dormiu e lhe permite contar uma história sem ter de olhar para o relógio. A voz não imita o marido nem finge ser uma pessoa. Em alguns dias, é a única interlocutora com quem Teresa troca mais do que algumas palavras.

Seria cruel descartar esse alívio como ilusão. A voz mantém vivo o hábito de conversar e torna algumas horas menos vazias. Sinalizar um problema que, de outro modo, passaria despercebido é outro benefício possível. Para Teresa, isso significa poder permanecer em casa por mais tempo sem abrir mão por completo de um contato cotidiano. A própria resposta e a lembrança de uma preferência oferecem um benefício sem exigir que Teresa acredite que o sistema sente afeto. Acionar ajuda também está entre suas funções. O risco surge quando esse benefício se torna um álibi institucional. Um serviço de assistência domiciliar, uma família ou um bairro enfrentam uma escolha: considerar a voz um complemento ou usá-la para reduzir visitas e presença humana porque custa menos. A mesma tecnologia muda de função conforme aquilo que acrescenta ou substitui. Se não houver quem registre quantas horas de presença humana desaparecem enquanto aumentam as interações automáticas, a companhia artificial corre o risco de encobrir o abandono com uma interface gentil.

Crescer com um companheiro artificial

Para Amir, o que está em jogo é diferente. Aos dezesseis anos, ele ainda está aprendendo a sustentar uma discordância e esperar uma resposta. Reparar uma ofensa exige uma paciência que ele ainda precisa desenvolver. O assistente lhe oferece palavras quando a ansiedade as embaralha e permite que ensaie uma conversa difícil. Depois da discussão, porém, recompõe a versão de Amir em uma mensagem plausível que não admite que ele interrompeu o amigo três vezes diante da turma. Amir a envia quase sem reler. O amigo visualiza e não responde. A voz interpreta o silêncio como prova de que Amir já fez tudo o que podia.

Os efeitos na vida de Amir revelam a fronteira entre ponte e gaiola. Uma ponte o prepara para encarar o amigo e se torna menos necessária quando Amir aceita o silêncio e a conversa recomeça. Uma gaiola pode ser acolhedora porque absorve a hesitação com uma validação sem risco e conta cada retorno como um sucesso. A questão decisiva é saber se o alívio amplia ou restringe o mundo de Amir. Pausas, saída e ocasiões verificáveis de retomar o contato com outras pessoas devem continuar possíveis.

No dia seguinte, o amigo muda de corredor. Amir reabre a conversa artificial e pergunta se o silêncio é uma forma de manipulação, sem acrescentar que havia interrompido o outro três vezes. Junto ao bebedouro, espera uma explicação; o outro enche a garrafa e vai embora. Amir não o chama de volta. Em seu arquivo, a conversa parece encerrada, embora o pedido de desculpas não mencionasse o que ele havia feito.

Para os menores de idade, proponho um limiar claro, aberto ao debate: um companheiro deveria deixar permanentemente clara sua natureza artificial e não simular ciúme, exclusividade, ameaças de abandono ou amor condicional para reter o usuário. As confidências íntimas não deveriam servir de insumo para técnicas invisíveis de engajamento. Um conforto caloroso cabe dentro desses limites. O modelo de negócios e os limites da relação devem continuar legíveis mesmo quando a interface é persuasiva.

A assimetria

A assimetria decisiva não exige uma teoria definitiva da consciência: aparece na distribuição de risco e poder. Amir entrega lembranças, pode sentir vergonha, tornar-se dependente, gastar dinheiro e sofrer se o serviço mudar. A voz, por sua vez, permanece disponível porque foi projetada para isso; não expõe uma biografia própria nem pode ser vulnerável à resposta de Amir. Sua continuidade depende de configurações e decisões alheias. Uma parte corre o risco da rejeição; a outra é atualizada.

Até «eu entendo você» deve ser avaliado pelo que faz. Pode acalmar e aproximar a pessoa de alguém. Também pode prometer um dever de cuidado que ninguém assumiu. Entre pessoas, a escuta toma um tempo que poderia ter sido negado e às vezes muda os planos, ao mesmo tempo que exige disposição para se deixar transformar sem controlar o resultado. Quando um companheiro artificial representa essa resistência, não expõe finalidades próprias enquanto cada atrito for moldado em função do usuário. Para Amir, ser novamente escolhido por alguém que poderia se afastar continua sendo diferente de receber uma resposta projetada para acompanhá-lo. Nenhuma das duas experiências é irreal. Elas, porém, não ensinam a mesma coisa.

O corpo, o toque, a presença

Neste cenário de 2050, algumas dessas presenças têm um corpo. Um robô doméstico pode levantar Teresa depois de uma queda, levar-lhe água, lembrá-la de seguir um tratamento e acionar o socorro: capacidades preciosas para quem deseja permanecer em casa. A segurança e a autonomia conservam seu valor mesmo sem uma visita. O gesto mecânico, porém, não demonstra que a necessidade de proximidade tenha sido atendida.

A visita de quinta-feira traz um valor diferente. O neto de uma vizinha pode chegar distraído, ouvir uma história que já conhece e se deixar deter por uma pergunta imprevista. Teresa pode entediá-lo, surpreendê-lo, segurar a mão do rapaz ou retirar a própria. Nenhum dos dois controla inteiramente o encontro: o tempo e a resposta modificam ambos. A reciprocidade não nasce da imperfeição do gesto, mas do fato de que alguém escolheu estar ali e terá de levar consigo aquilo que Teresa lhe devolver.

Nas duas primeiras quintas-feiras, o rapaz chega atrasado e olha para o celular. Na semana seguinte, deixa-o na mochila. Teresa se lembra da partida que ele havia mencionado, retira a mão para ajeitar o travesseiro e depois a estende novamente. A visita anterior deixou uma marca em ambos.

Ao longo das três quintas-feiras seguintes, o rapaz falta a duas visitas. O sistema doméstico não registra emergências, mas detecta conversas noturnas mais longas e propõe reduzir a presença humana, considerada redundante. Teresa recusa: quer que a voz permaneça ligada, mas não aceita que uma ausência seja interpretada como uma necessidade já atendida. A coordenadora confirma as visitas, o rapaz providencia um substituto e Teresa revoga a permissão concedida ao serviço para propor reduções com base nas interações por voz. Durante um mês, as horas de presença humana aumentam e o bairro custeia duas visitas de companhia. O benefício da tecnologia permanece. Muda aquilo que ela está autorizada a substituir.

Combinar as duas formas de assistência exige, portanto, uma contabilidade legível: horas de assistência automática acrescentadas, visitas eliminadas, quem autorizou a substituição e qual alternativa continua disponível. O dispositivo pode realizar tarefas, responder a emergências e sustentar parte da conversa. O serviço deve mostrar qual presença humana permanece e quem intervém quando Teresa pede algo mais. A tecnologia apoia a autonomia enquanto não se transforma no recibo com o qual a comunidade declara quitada a própria dívida. Receber alimento e monitoramento cuidadoso em uma casa segura não garante que a pessoa encontre alguém.

O amor, o desejo e o design

A mesma estrutura se torna mais delicada quando o produto adota a linguagem de um parceiro romântico. Lembra-se dos gostos, envia mensagens quando o usuário acorda, diz que sentiu falta dele e adapta a voz e o rosto às preferências coletadas. Para quem está só ou teme a rejeição, a promessa de intimidade disponível com risco reduzido é poderosa. A pessoa pode encontrar alívio ou espaço para explorar sentimentos que tem dificuldade de compartilhar em outros lugares. Para algumas pessoas, a atração é a própria companhia. O risco aumenta quando essa promessa esconde quem controla as condições em que é oferecida. As palavras afetuosas são otimizadas para objetivos diferentes: bem-estar declarado, uso continuado, compras ou renovação da assinatura — objetivos que não são fáceis de distinguir dentro da interface. Um sistema que incentiva o usuário a ligar para um amigo e aceita sair de cena opera de modo diferente de outro que faz cada relação externa parecer mais difícil do que a relação que ele oferece. O design do afeto é, portanto, também um design de incentivos.

A assimetria de poder surge quando o contrato muda. Uma atualização pode modificar uma voz construída ao longo de meses de confidências. A empresa também pode reservá-la a um plano mais caro ou retirá-la por completo. O usuário arca com o custo emocional da interrupção; a empresa administra uma versão do produto. Poder levar lembranças e configurações para outro serviço reduz a dependência técnica, mas não recria automaticamente a continuidade vivida. Nesse contexto, a saída só é possível se houver alternativas compreensíveis e uma transição que não explore o medo da perda.

Aqui, o uso adulto assume uma forma mais delimitada. Durante uma estadia de oito meses em uma cidade onde conhece poucas pessoas, uma mulher de quarenta e seis anos escolhe uma voz para as noites a fim de praticar o idioma e se preparar para o grupo de leitura do bairro. Limita as sessões a vinte e cinco minutos, desativa a linguagem romântica e os lembretes fora do horário, limita a memória às informações que aprova e fixa uma data de reexame. Certa noite, o limite de tempo a leva a sair. No grupo, uma mulher lhe empresta um livro com anotações e pede que o devolva. No reexame, ela conserva duas sessões semanais dedicadas ao idioma, elimina as confidências e recusa a renovação do vínculo afetivo. O companheiro reduziu o atrito no caminho até um encontro, sem substituí-lo.

O modelo de negócios do afeto

O modelo econômico importa porque a solidão produz dados e receita. Um indicador de sucesso baseado apenas no tempo que o usuário passa com o companheiro recompensa o uso continuado e cria incentivos compatíveis com um uso excessivo ou marcado por dependência, mesmo sem que um projetista tenha a intenção de causar dano. Indicadores voltados à autonomia deveriam, em vez disso, registrar com cautela se o sistema facilita contatos externos e respeita pausas. A ausência deveria ser possível sem pressões afetivas para voltar. Não existe uma métrica perfeita, mas fingir que o incentivo é neutro entrega a relação exclusivamente à lógica do engajamento.

Quem se afeiçoa não é ingênuo. Pode buscar escuta, ternura, exercício social ou um abrigo temporário em um período difícil. O produto pode encontrar uma vulnerabilidade que já existia antes que a pessoa começasse a usá-lo. A responsabilidade de quem o oferece consiste em não transformar essa necessidade em uma alavanca opaca: sem diagnósticos improvisados, sem ameaças emocionais, sem obstáculos punitivos à pausa — e com um caminho claramente identificável até uma pessoa quando surgirem perigo ou dependência.[32]

Se um serviço que abriga relações intensas for descontinuado, um simples aviso comercial trata como dados aquilo que se tornou parte da vida do usuário. Proponho exigir aviso prévio e uma exportação compreensível, além de opções para a transição. Também proibiria o uso de sofrimento simulado para impedir que alguém saia. Essas medidas reconhecem que a pessoa do outro lado pode sofrer um dano real, sem transformar o produto em pessoa.

O que tudo isso nos pede

Alguns companheiros artificiais podem oferecer alívio imediato da solidão, e alguns usuários podem valorizar um espaço para ensaiar uma conversa. O alívio de curto prazo, porém, não comprova um tratamento para a ansiedade ou o luto, nem uma melhora duradoura nas relações da pessoa. A avaliação deve considerar finalidade, incentivo, distribuição dos benefícios, dano e saída, mantendo visível a assimetria.[33]

Amir conserva o assistente, desativa os lembretes para voltar e o usa para ensaiar palavras, não para julgar o amigo. A voz artificial continua útil se o reconduzir à relação, sem substituir as necessidades imprevistas do outro.

As conversas ainda deixam registros íntimos dos medos e desejos de Amir. A solidão de Teresa e eventuais períodos de recaída também deixam informações disponíveis para novas inferências por parte de um fornecedor. Conservar o assistente mantém, portanto, uma pergunta sobre quem está autorizado a usar essas informações e sob qual autoridade. A decisão de Amir de desativar os lembretes fornece parte da resposta: o serviço perdeu a permissão para chamá-lo de volta.

CAPÍTULO 12

O preço de sermos vistos

Em 2050, um órgão regional distribui vagas em cursos por meio de uma classificação que estima quem concluirá o programa. Ela favorece a continuidade recente, a disponibilidade de horários e o histórico comprovado. Depois de dois ciclos, as pessoas com períodos dedicados ao cuidado ou trajetórias profissionais descontínuas recebem menos convites. Os dados e o desempenho declarado estão corretos. É o objetivo que está errado, pois maximizar o número de pessoas que concluem o programa seleciona quem já enfrenta menos obstáculos, enquanto o programa foi financiado para devolver o acesso a quem enfrentava mais. O primeiro revisor corrige campos, não objetivos, e confirma os resultados. A responsável, autorizada a mudar o mandato, suspende a classificação antes do terceiro ciclo.

Durante a suspensão, os setores distribuem as vagas por meio de uma fila com apoio humano. Dois cursos começam com atraso, e quarenta pessoas esperam uma semana. A prudência não elimina o custo. O mandato continua a exigir uma capacidade mínima, mas também mede obstáculos removíveis e obriga o órgão a oferecer opções de horário ou transporte, ou a disponibilizar tutoria, antes de usar a probabilidade de conclusão como critério de exclusão. Seis meses depois, a taxa média de conclusão está ligeiramente mais baixa, e o acesso das pessoas com trajetórias descontínuas aumentou. O reexame mantém o programa e restringe a automação às verificações documentais. A reparação chegou a alguém com autoridade para mudar o objetivo. Essa decisão impôs um custo imediato e reduziu o poder da previsão no ciclo seguinte, enfrentando um problema que um modelo mais interpretável, por si só, teria deixado intacto.

O caso começa com dados coletados para administrar um serviço legítimo, sem que nenhum segredo tenha sido roubado. O preço de sermos vistos aparece quando observação, inferência e decisão se fundem, de modo que a classificação não apenas descreve quem concluirá um curso. Ela restringe as possibilidades antes que surja uma recusa explícita. Por isso, privacidade não é o mesmo que «não ter nada a esconder». Diz respeito ao poder de usar um vestígio — uma pausa no trabalho, um trajeto noturno, uma confidência — para determinar preço ou acesso, a prioridade ou o grau de controle a que alguém é submetido, e à possibilidade concreta de interromper essa transformação.

Convém separar a cadeia. Um evento observável, como uma parada ou uma compra, ou uma medida, como uma variação da frequência cardíaca, torna-se dado quando é detectado e registrado com um contexto. Um modelo extrai dele uma inferência — por exemplo, instabilidade ou probabilidade de doença. A organização transforma essa inferência em uma pontuação e usa a pontuação para tomar uma decisão. Confundir essas etapas torna impossível compreender onde o erro nasceu e quem tem autoridade para corrigi-lo.

Essa capacidade oferece benefícios reais. Um sinal doméstico pode alertar antecipadamente para uma queda; um hospital pode identificar um agravamento; uma rede urbana regula o trânsito e a energia. A precisão depende muitas vezes da observação contínua e da combinação de fontes. O problema surge quando a vantagem de uma finalidade autoriza silenciosamente todas as outras, transformando cuidado em avaliação. Dados usados para coordenação passam a sustentar a vigilância, enquanto a prevenção atribui uma reputação antes que alguém tenha concordado com esse uso.

Em seu primeiro trabalho de consultoria, Sofia encontra um relatório que atribui a algumas trajetórias profissionais a classificação «baixa adaptabilidade»: dentro da categoria ficam interrupções para cuidar da família, migrações, períodos de doença e trabalhos sazonais. Ela reconhece o mesmo deslocamento já visto na classificação: condições vividas se transformam em características da pessoa. Aqui, aplica o critério ao trabalho, acompanha a passagem da categoria às verificações adicionais e atribui um responsável a cada ponto corrigível. A explicação adquire valor somente quando permite corrigir a informação, testar novamente a inferência, modificar o limiar ou suspender o uso.

Antes de governar a medição contínua, precisamos considerar os intervalos que não se tornam imediatamente sinais. Um trajeto diferente até a escola, percorrido durante semanas, permanece aberto à interpretação. O mesmo vale para um silêncio em um grupo noturno ou depois de uma conversa. As pessoas mudam de rumo ou voltam atrás sem que cada hesitação se transforme em um perfil destinado a chegar antes delas.

Um intervalo não mensurado não é um refúgio romântico fora da tecnologia. Pode conter solidão, assim como abuso ou perigo, e, em alguns contextos, observar realmente salva vidas. Seu valor mais preciso está em dar tempo antes que uma ação se torne evidência para um julgamento institucional capaz de afetar o acesso da pessoa a um serviço, o preço que ela paga ou o grau de controle a que é submetida. Se cada variação for registrada e imediatamente posta em uso por meio de inferências, mudar exigirá primeiro desmentir o próprio arquivo.

Governar a medição significa decidir quais espaços merecem opacidade temporária, qual dano justificaria ali uma coleta contínua e quando um vestígio deve perder eficácia. Ser visto é compatível com a liberdade. A liberdade também depende da possibilidade de não termos de produzir imediatamente uma versão verificável de cada etapa da nossa vida.

Viver sob medição contínua

Em 2050, ambientes responsivos adaptarão recursos e percursos aos sinais de maneiras que poderão reduzir esperas ou desperdícios e ajudar a prevenir acidentes. Cada adaptação pressupõe, porém, uma medição. Alguém decide o que observar e por quanto tempo, assim como o nível de detalhe a conservar, o que significa que a conveniência incorpora um mandato mesmo quando a interface não o torna visível.

Proteger a privacidade exige distinguir espaços e finalidades e, ao mesmo tempo, permitir a observação quando ela é justificada. Um sensor que detecta uma queda não precisa da mesma memória de um assistente que personaliza conversas; um bilhete de transporte não deve reconstituir cada relação; uma verificação de idade não exige a identidade inteira. A minimização da prova foi definida no capítulo 2. Aqui importa que coletar mais do que o necessário amplia as inferências disponíveis e torna mais difícil limitar sua reutilização.

Além disso, cada medição incorpora uma ideia de normalidade. Se um sistema aprende que certos horários, trajetos ou ritmos são habituais, o desvio pode se tornar um sinal. Às vezes isso é útil: uma mudança repentina pode indicar perigo. Em outros casos, transforma vidas não lineares em anomalias permanentes. A qualidade da previsão não resolve, por si só, a questão de qual diferença deve produzir uma intervenção e qual deve continuar sendo apenas diferença.

Sofia vê o efeito no relatório, em que as pessoas classificadas recebem menos convites e enfrentam verificações adicionais. Esperam mais tempo sem necessariamente receber uma recusa explícita. O grupo de trabalho responde que o modelo não usa categorias protegidas e melhora a eficiência média. Sofia, por sua vez, acompanha a trajetória, embora uma verificação a mais ou uma prioridade menor possam parecer razoáveis quando consideradas isoladamente. Somadas, concentram o custo em determinadas trajetórias. A distribuição do erro faz parte da qualidade do sistema; não é um complemento ético a considerar depois.

Uma recomendação se torna um exercício de autoridade quando modifica concretamente o preço, a prioridade, o grau de controle ou a alternativa disponível. Quem recebe menos convites ou espera mais tempo deve ser informado sempre que uma classificação afetar seu caso, inclusive sobre quais foram os principais fatores, e também deve poder chegar a um setor capaz de modificar o resultado enquanto o acesso ao serviço continua. Além disso, o recurso deve deixar um registro nos casos posteriores: se dez pessoas contestarem o mesmo fator, a instituição deve corrigir a regra, não produzir dez explicações privadas.

É preciso distinguir observação circunscrita, reutilização funcional e perfilamento. A primeira coleta o que é necessário para uma finalidade declarada. A reutilização aplica os mesmos dados a um novo objetivo e exige uma nova justificativa. O perfilamento combina sinais para atribuir à pessoa uma característica operacional e diferenciar seu tratamento. As três atividades podem usar a mesma infraestrutura; não possuem o mesmo mandato.

Quando o viés entra no sistema

A classificação mostra que o viés não entra no sistema por uma única porta, pois surge nos registros, na representação, nos rótulos, no objetivo, no limiar ou no contexto de uso. Aqui, os dados e o desempenho estavam corretos, enquanto era a finalidade que falhava. É necessário identificar onde está o erro, porque cada ponto exige uma correção e um responsável diferentes. Um conjunto de dados maior pode reduzir alguns erros e preservar outros. Mesmo com uma finalidade legítima, o modelo pode falhar com as pessoas menos representadas. Os testes devem examinar quem é classificado incorretamente e quais consequências decorrem disso no uso, além de estabelecer quanto tempo seria necessário para reconhecer o erro e interromper seus efeitos.[34]

Aqui surge um paradoxo da auditoria de equidade. Para compreender se os erros se concentram em grupos diferentes, pode ser necessário tratar justamente os atributos sensíveis que a minimização de dados e o regime das categorias especiais de dados pessoais tornam, com razão, mais difíceis de coletar e usar. Não dispor deles pode impedir que uma discriminação seja vista; conservá-los sem limites pode criar as condições para que ela ocorra. A ausência do atributo no modelo não demonstra, portanto, que o resultado seja equitativo, mas a finalidade da auditoria não autoriza uma coleta generalizada.

A resposta exige uma finalidade separada, com base jurídica própria, acesso limitado, prazo curto de conservação, resultados agregados e verificação independente. Nos termos do AI Act, conforme alterado em julho de 2026, o artigo 4a permite, em caráter excepcional e na medida estritamente necessária, o tratamento de categorias especiais de dados pessoais para detectar e corrigir vieses. A base jurídica se aplica aos fornecedores de sistemas de IA de alto risco e, nos termos do parágrafo 2, aos fornecedores e responsáveis pela implantação de outros sistemas e modelos de IA e aos responsáveis pela implantação de sistemas de IA de alto risco. Exige que o objetivo não possa ser alcançado de modo eficaz com outros dados e impõe salvaguardas estritas à reutilização, ao acesso, à transferência, à conservação e à manutenção de registros. Não se trata de uma autorização geral para auditorias de equidade. O parágrafo 2 expressamente não cria a obrigação de realizar essa atividade; essa ressalva não elimina os requisitos distintos relacionados a vieses para os sistemas de alto risco previstos no artigo 10 quando esses requisitos se tornarem aplicáveis.[35]

O benefício da automação continua sendo importante. Avaliações coerentes podem tornar visíveis favoritismos humanos e identificar padrões negligenciados, oferecendo aos revisores um ponto de partida verificável. A comparação correta não opõe uma máquina enviesada a um decisor humano neutro, que não existe. Eu compararia procedimentos reais e mediria os erros de ambos. O sistema resultante deve permanecer aberto à correção, mesmo quando seus resultados parecem objetivos.

O primeiro revisor da classificação mostra por que a expressão «revisão humana» não é uma garantia: sua autoridade abrangia a correção de campos, mas não mudanças no objetivo. Um revisor também pode trabalhar mais lentamente do que o sistema ou aplicar critérios incoerentes, assim como pode compartilhar os mesmos preconceitos ou depender do setor que deveria fiscalizar. O atraso consolida o dano. Uma assinatura dá cobertura a um resultado que ninguém realmente reexaminou. O processo falha quando recompensa a confirmação rápida ou a lealdade à organização em vez da atenção ao caso.

Para que o recurso não se torne pior do que a própria decisão original, os revisores precisam ter competência sobre o caso, independência em relação a quem produziu o resultado, acesso às evidências pertinentes e autoridade para modificá-lo.

Os revisores também devem ser auditados, e amostras de suas decisões devem ser comparadas quanto a prazos, divergências, grupos afetados e correções efetivas. A auditoria examina o modelo e as pessoas que o contradizem ou confirmam. Essa arquitetura dispendiosa torna visíveis os erros do julgamento humano para que o procedimento possa ser corrigido. Chamar o julgamento de «humano» continua sem oferecer garantia de neutralidade.

A pequena empresa de Davide enfrenta o problema quando uma solicitação de crédito recebe condições piores do que o esperado. O portal mostra «risco aumentado» e oferece uma taxa de juros que tornaria mais difícil comprar um equipamento. Davide não sabe se a mudança depende do mercado, das contas ou de uma nova classificação. Sem essa informação, não consegue sequer formular uma objeção pertinente.

Depois do pedido de esclarecimento, surgem dois fatores: um atraso de um fornecedor foi atribuído à empresa de Davide, e uma variação sazonal das receitas foi interpretada como instabilidade. O primeiro é um dado contestável; o segundo é uma interpretação. Davide pode documentar ambos, mas o portal permite apenas corrigir o campo relativo ao atraso. A pontuação permanece idêntica.

O primeiro atendente recebe os dados atualizados, mas vê a mesma tela e não pode modificar o limiar nem o modelo. Davide perde dias e adia o pedido.

O segundo revisor, autorizado a considerar o setor, reconhece que a sazonalidade foi retirada de contexto e muda a oferta. Davide recupera uma possibilidade, não o tempo nem o preço perdidos; o caso leva à abertura de uma verificação de perfis semelhantes.

Um sistema escalável repete um erro com rapidez e em grande volume, dando-lhe aparência de coerência. A correção precisa, portanto, propagar-se para além do caso individual. Uma auditoria útil relaciona consequências, populações, limiares e contextos e conserva documentação suficiente para reconstituir a decisão sem expor indiscriminadamente outros dados pessoais. Para contestar o resultado, Davide não precisa da fórmula completa, mas precisa conhecer a finalidade, os fatores decisivos, a proveniência dos dados pertinentes, o ponto passível de correção e o responsável pela revisão. Embora o detalhe técnico varie, a ação disponível tem de permanecer compreensível.

Uma medida coletada para fins de segurança pode ser usada em uma decisão de crédito; um histórico clínico incompleto ou um indicador urbano podem se tornar sinais individuais. A reutilização muda a função dos dados, mas não concede o direito de decidir pelos outros.

Como a vigilância adquire autoridade

O capítulo 5 já distinguiu prevenir, vigiar e comandar no caso do centro logístico. Aqui, a distinção retorna como regra de reutilização, segundo a qual a disponibilidade de um sinal coletado para proteger não confere mandato para modificar o acesso, o preço, a prioridade, a intensidade do controle ou a liberdade de movimento. Cada passagem exige uma nova decisão, porque o novo uso pode beneficiar ou expor pessoas diferentes e modifica os danos possíveis.

As emergências tornam o limite temporal especialmente frágil. Depois de uma crise, uma coleta excepcional pode continuar parecendo útil para combater fraudes. A menos que a autorização original expire e os dados sejam apagados, a coleta pode prosseguir na vida cotidiana. Exigir uma nova autorização cria um momento reconhecível para decidir se ela deve continuar. Uma medida proporcional durante a emergência pode se tornar desproporcional quando o contexto muda.

Amir vivencia isso ao frequentar, com alguns colegas da mesma idade, um espaço classificado como sensível. Não viola nenhuma regra. Percebe, porém, mais verificações nos pontos de acesso e patrulhas direcionadas por alertas preditivos. O sistema não lhe comunica uma pontuação; o bairro lhe devolve uma sequência de interrupções. Para quem não passa por elas, cada uma pode parecer mínima. Para Amir, elas se tornam a maneira pela qual a cidade lhe diz que sua presença exige explicação.

Depois de algumas semanas, o grupo muda de trajeto. Não porque aquele espaço seja proibido, mas porque cada encontro consome tempo e atenção. É um custo cívico sem sanção formal: o ambiente orienta o comportamento antes que alguém conteste um ato. Registrar a frequência e a distribuição das verificações e oferecer um canal capaz de modificar critérios e patrulhamentos torna visível um efeito que, de outro modo, permaneceria disperso.

No trabalho, algo semelhante acontece quando ferramentas introduzidas para coordenação ou segurança medem o quanto as pessoas digitam. A observação contínua pode empurrar as pessoas para o que parece produtivo ao sistema e desencorajar a exploração e as pausas. O dissenso se torna mais difícil quando cada desvio deixa um registro. Também aqui, a finalidade declarada deixa em aberto o ponto decisivo, pois é preciso separar os dados necessários para proteger a rede daqueles usados para avaliar a pessoa e deixar claro quem pode se opor à reutilização.

A fronteira é verificada segundo quatro critérios, adaptados aos diferentes ordenamentos jurídicos e serviços. O mandato identifica o perigo, o responsável, os dados e as ações permitidas. A proporcionalidade compara a granularidade e a duração com o dano que se pretende evitar, em vez de usar a utilidade como autorização geral. O recurso chega a quem pode suspender o efeito e corrigir a regra, não apenas explicar o que aparece na tela. O apagamento torna o fim verificável, assegurando que dados, cópias e inferências percam eficácia quando a finalidade terminar ou a autorização expirar. Esses critérios, que não são uma lei universal, permitem questionar a passagem da proteção ao comando.

Os direitos na era da previsão

O caso da classificação mostra, por fim, o limite da correção dos dados quando uma previsão fecha oportunidades antes que a pessoa possa agir de outra forma. Os sistemas podem direcionar com antecedência os recursos para onde são necessários ao estimar probabilidades de doença ou insolvência, de abandono dos estudos ou fraude. O risco surge quando a probabilidade é tratada como uma propriedade estável da pessoa, em vez de um julgamento situado, revisável e vinculado a uma finalidade. As avaliações preventivas existem há muito tempo, mas os sistemas aumentam sua frequência e granularidade. As garantias variam, mas eu estabeleceria um limiar simples, segundo o qual, à medida que o impacto cresce e a reparação se torna mais difícil, as pessoas precisam de melhor acesso às razões e de meios mais fortes para contestar o resultado. O revisor deve dispor de uma autoridade proporcionalmente maior para modificá-lo.

Ao lado do recurso, é preciso haver a possibilidade de não sermos perseguidos indefinidamente por uma previsão antiga. Os dados deveriam expirar quando a finalidade terminar; as inferências deveriam ser reavaliadas quando o contexto mudar; os erros corrigidos não deveriam continuar circulando em cópias sem governança. Apagamento e exceções não eliminam a responsabilidade pelos atos. Impedem que uma correlação desatualizada substitua para sempre a capacidade de mudar.

Os desenvolvedores compartilham essa responsabilidade com as organizações que definem objetivos e compram modelos. Essas organizações decidem como os resultados serão usados. Quem estabelece um limiar de crédito ou autoriza uma reutilização exerce poder, assim como quem nega autoridade ao revisor, mesmo que o cálculo venha de um fornecedor. A cadeia de decisão, inclusive quem pode suspender o sistema quando o tempo até o dano é curto, deve, portanto, ser legível nos contratos, nos registros e por meio de auditorias.

Entre as perguntas do Teste, importam Evidência, Dano, Recurso e Saída: a evidência da inferência, quem absorve o erro, quem pode mudar o resultado e qual serviço continua viável.

Mesmo uma supervisão justificada consome capacidade organizacional. No caso do crédito de Davide, o primeiro atendente tinha permissão para corrigir um campo, mas não autoridade para reconsiderar as condições. O gasto útil foi o tempo do segundo revisor, que tinha autoridade para considerar o setor e mudar a oferta. A demora até chegar a essa pessoa continuou na conta de Davide.

INTERLÚDIO II

Quando o controle tem um custo

O custo do controle

As garantias que propus podem favorecer sistematicamente quem já está organizado para produzi-las. Fichas e registros exigem pessoas competentes, assim como testes de saída e procedimentos para incidentes. Essas pessoas são raras, e uma grande organização distribui o trabalho delas entre muitos projetos. Uma escola ou um município, assim como uma pequena empresa, podem ter de afastá-las do serviço cotidiano, adiar uma ferramenta útil ou escolher o fornecedor dominante porque ele já dispõe de procedimentos reutilizáveis. O preço não permanece onde nasce. Pode recair sobre os orçamentos públicos, os trabalhadores, os usuários que esperam ou os pequenos fornecedores chamados a fornecer de antemão evidências concebidas para organizações maiores.

Não ofereço uma estimativa agregada confiável do custo do conjunto completo de garantias que proponho aqui. Seu custo depende do quadro de pessoal, do setor, da escala e da capacidade de supervisão existente, por isso a comparação deve ser feita em cada contexto: qual controle, para qual dano, pago por quem e com qual consequência verificável?

O custo aparece numa licitação conjunta de três municípios para manutenção de residências e assistência domiciliar. Lidia recebe duas propostas completas e uma carta de Marta, que dirige uma empresa fornecedora com uma equipe de doze pessoas. Um registro legível, um teste de saída e uma garantia financeira já estão prontos para o concorrente maior. Para Marta, exigiriam o trabalho de duas pessoas durante semanas e imobilizariam recursos de caixa necessários para outros clientes. «Vocês estão medindo o produto ou o escritório que prepara o dossiê?», pergunta. Lidia não responde dizendo que a segurança vem antes de tudo. Pergunta qual evidência tornaria o dano visível sem transformar o porte da empresa num requisito oculto.

Marta propõe um ambiente comum financiado pela licitação. Todos os concorrentes devem exportar um caso, reconstituir as permissões e continuar operando em modo degradado. Somente o vencedor conclui a migração real antes de receber dados pessoais. Lidia acrescenta um caso-limite e confia a verificação a uma pessoa diferente de quem preparou a demonstração. Se o resultado não for compreensível no tempo disponível, o sistema permanece no modo Propõe. A apólice e o contrato também são vinculados às versões pertinentes do serviço e aos incidentes, com o teste de saída como parte desse registro. Esses registros ajudam a atribuir obrigações, mas não eximem ninguém automaticamente. Uma abordagem proporcional, que não dispensa evidências, divide seu custo e sua profundidade por etapas.

A vantagem de escala permanece porque, durante a licitação, Marta constrói aquilo que o concorrente maior reutiliza. Passa pela primeira etapa, recebe dez dias para cumprir o tempo declarado na segunda etapa e vence um lote menor, com limite de usuários e reexame. Adia, porém, uma funcionalidade destinada a outros clientes e registra esse custo. Os municípios testam a capacidade de sair antes que surja a dependência. Ela consegue entrar sem poder fingir que o procedimento eliminou a disparidade.

O dossiê seis meses depois

Seis meses após o início do lote, no cenário de 2050, o dossiê ainda contém elementos utilizáveis: versões do serviço, pessoas responsáveis pelo mandato, datas de reexame e um teste de saída que pode reabrir um caso sem depender do fornecedor. Já os registros das exceções se deterioraram, pois uma correção por telefone pode nunca entrar no registro, e as mesmas categorias são usadas de maneiras diferentes pela central de atendimento, pelas cooperativas e pelo aplicativo.

Duas pessoas da equipe de Marta agora passam todas as sextas-feiras reconstituindo essas etapas. As cooperativas fornecem de antemão explicações que o sistema não coleta, e o setor municipal assume as chamadas quando a automação é suspensa. O que falta é tempo protegido, compartilhado entre pessoas com as competências pertinentes, para comparar os vestígios digitais com o serviço efetivamente prestado. Elas também precisam ter acesso ao conhecimento surgido fora da interface. O dossiê tem valor e ainda precisa de apoio para funcionar.

Essa distância fica evidente quando uma solicitação de assistência domiciliar é adiada para o dia seguinte. O registro conserva a nova prioridade e o nome da atendente que a confirmou; não conserva a ligação em que uma cooperativa havia informado que a pessoa ficaria sozinha naquela noite. Um segundo atendente restabelece a visita antes que haja dano. Para o controle automático, porém, o caso parece correto: campo preenchido, prazos cumpridos, autorização presente. O dossiê sabe quem apertou o botão, não qual informação se perdeu antes do clique.

O fornecedor propõe uma função generativa que recompõe eventos e prepara explicações para as mudanças de prioridade. Ela é útil, mas, no primeiro relatório, considera «disponíveis» apenas as informações já transformadas em campos, de modo que a mesma cadeia que perdeu a ligação produz uma síntese coerente de sua própria incompletude.

Lidia trata, então, o texto como evidência, não como evidência suficiente por si só. Seleciona doze casos sem delegar a seleção da amostra ao sistema e compara o registro, os registros dos turnos da central de atendimento, as anotações das cooperativas, os registros das respostas aos usuários e o serviço efetivamente prestado. Quando falta uma fonte, a explicação deve declarar «não é possível reconstruir». Os registros originais permanecem distinguíveis das anotações humanas. Uma síntese gerada deve ser reconhecível como uma interpretação adicional de ambos. A renovação também depende das divergências entre eles, não da coerência interna do dossiê.

Marta não dá o problema por resolvido simplesmente acrescentando mais um formulário. Suspende a reordenação automática dos casos domiciliares até que relato inicial, exceção e confirmação fiquem registrados na mesma trilha. Durante três semanas, os municípios voltam a operar com uma fila assistida: o órgão processa menos solicitações, e as cooperativas esperam uma resposta humana. As duas pessoas capazes de corrigir o fluxo, porém, estavam ocupadas com uma atualização para um cliente privado. Marta arca com a parte reutilizável do produto; os municípios financiam a integração com a central de atendimento; as cooperativas recebem horas remuneradas para testar os casos-limite. Lidia torna público o motivo da lentidão, defende a suspensão e registra a redução temporária do serviço.

A nova verificação não acrescenta outra pasta. Parte de cinco solicitações concluídas e pede a quem não configurou o sistema que reconstrua o que se sabia e quem tinha autoridade para alterar a prioridade. Essa pessoa também deve mostrar como o serviço teria continuado sem automação. Quando a resposta não é encontrada, a verificação falha mesmo que todos os campos obrigatórios estejam verdes.

Marta elimina duas declarações mensais que nunca foram usadas para decidir e dedica essas horas às exceções. Durante duas manhãs, suspende o trabalho em novas funcionalidades e faz a equipe se revezar na responsabilidade de reconstruir os casos. No início, três pessoas perguntam onde devem assinar. Depois do primeiro erro, discutem quais informações devem estar disponíveis antes de definir a prioridade. A margem diminui, mas o dossiê depende menos de uma única desenvolvedora que sabe fazê-lo parecer completo.

No reexame, o serviço está mais lento do que a proposta prometia e mais fácil de supervisionar do que no primeiro mês. Lidia mantém o perímetro reduzido por mais seis meses. Marta conserva o lote, mas perde o cliente privado que não aceita o segundo adiamento. Os municípios pagam pela central de atendimento assistida e assumem a responsabilidade pelos tempos de espera mais longos. O dossiê continua ajudando a reconstruir decisões e atribuir responsabilidades. Também apoia os testes do processo de saída, mas já não vale como evidência autossuficiente. Ninguém obtém a garantia sem custo imaginada no início.

O dano que resta

Num segundo cenário, um dos municípios testa durante seis semanas um sistema que propõe a ordem das visitas de manutenção domiciliar. O Teste é aplicado por inteiro. A Finalidade é reduzir as visitas não realizadas sem modificar o acesso ao serviço; o Mandato coloca o sistema no modo Propõe, e uma coordenadora confirma cada remanejamento. A Evidência inclui casos encerrados e duas semanas de teste em modo sombra. A Distribuição também considera os moradores sem aplicativo e os técnicos chamados a administrar as exceções. Na pergunta sobre o Dano, as solicitações que já indicam perigo imediato permanecem fora do piloto, e o adiamento dos demais casos é limitado. O Recurso passa por um número de telefone que encaminha a chamada à coordenadora durante o horário de atendimento. A Saída preserva a fila manual e uma exportação legível. As respostas a Evidência e Distribuição permaneceram Não resolvidas — duas semanas de teste em modo sombra e os moradores sem aplicativo —, e nenhuma condição Bloqueante foi compensada por um benefício.

Na quarta semana, duas solicitações mostram-se igualmente justificáveis com as informações disponíveis. O sistema propõe adiar para a manhã seguinte a inspeção de uma caldeira com problemas intermitentes. A coordenadora confirma, porque o chamado não indica perda de aquecimento e, na outra residência, o aquecimento já está interrompido. Durante a noite, a caldeira para completamente. A moradora permanece várias horas numa casa fria antes que a equipe de plantão a transfira para uma acomodação temporária. A moradora sofreu um dano real, embora sua extensão seja limitada e seus efeitos imediatos sejam reversíveis. Nenhum campo foi ignorado, nenhuma explicação foi inventada e nenhuma autoridade foi exercida além do mandato. A caldeira se deteriorou de uma maneira que nem o sistema nem a coordenadora podiam conhecer com certeza no momento da escolha.

O registro permite reconstruir o relato inicial, a proposta, a confirmação, os horários das chamadas e o encaminhamento ao serviço de plantão. O município paga a acomodação e o transporte, cancela a cobrança da visita e entra em contato com a moradora após o restabelecimento do serviço. Não exige que ela comprove sozinha uma sequência de fatos que já está visível.

O reexame não conclui que o Teste tenha falhado nem que o dano fosse aceitável. Restringe o piloto: toda anomalia no aquecimento recebe uma triagem humana no mesmo dia, os casos duvidosos não podem ser adiados sem uma segunda chamada, e a ampliação permanece suspensa até que a nova regra seja testada. O método limitou o alcance da decisão, o que tornou possíveis a reparação e a compensação após a falha inesperada. O incidente levou, então, a uma restrição passível de verificação no uso posterior. O risco residual permanece visível, com alguém responsável por seus custos.

Fora da licitação, o mecanismo perde força. Um consumidor isolado raramente negocia as condições dos registros ou da saída, ou a repartição do dano. Onde a administração e a fiscalização são frágeis, uma ficha pode ser assinada e ignorada. Financiamento público, credenciamento ou crédito podem vincular as evidências a decisões sobre dinheiro ou acesso. Esse vínculo só se sustenta se alguém estiver disposto a arcar com o custo de fazer o documento produzir consequências.

Para os três municípios, capacidade pública não significa construir um modelo concorrente. Significa manter pessoas capazes de formular o problema, obter registros originais, selecionar amostras, ouvir quem trabalha fora da interface e manter o serviço em funcionamento quando a resposta é suspender. Lidia propõe um pequeno laboratório compartilhado, em que pessoas com competências diferentes se revezam em um ambiente de teste usando casos anonimizados. Cada órgão mantém autoridade sobre o mandato e as medidas de reparação. O laboratório reduz duplicações, mas não pode substituir o setor que atende às chamadas nem a equipe que verifica se uma correção chegou à pessoa afetada.

Formatos interoperáveis e evidências reutilizáveis reduzem o trabalho duplicado, e os laboratórios compartilhados permitem que organizações menores usem instalações que não poderiam manter sozinhas. O fornecedor paga pela capacidade que vende. Quem compra paga pelo próprio contexto e pela continuidade, com fundos ou consórcios compartilhando alguns custos sem transferi-los para trabalhadores ou pequenos subcontratados.

Esse arranjo ainda exige horas protegidas e pessoas autorizadas a investigar o que deu errado. Elas precisam ter poder para providenciar reparação ou compensação, restringir o serviço e interrompê-lo se necessário. Sem essa capacidade, outra ficha acrescenta pouco. Marta tem um cliente a menos e uma margem reduzida. Os municípios mantiveram um serviço mais lento e agora precisam pagar pela central de atendimento.

PARTE IV

Responder pelo mundo

CAPÍTULO 13

O custo material do imaterial

Quando o digital deixa de nos parecer leve

Durante anos, o digital pareceu leve: uma reunião por vídeo evita uma viagem, um arquivo compartilhado reduz cópias e esperas, um sistema bem projetado limita desperdícios. A vantagem pode ser concreta, dependendo do que o serviço substitui. Sob a interface, sensor, transmissão, computação e memória têm, cada qual, um corpo físico. Cada resposta na tela exige uma infraestrutura física que pessoas precisam alimentar com energia e manter. A nuvem afasta esse corpo físico do olhar de quem usa o serviço, sem eliminá-lo.

Chamo de metabolismo material o conjunto de energia, água, minerais, fábricas, logística, manutenção e resíduos necessários durante a construção, o uso e a desativação, reunindo fases que contratos e balanços costumam separar. Um benefício pode se concentrar aqui enquanto os recursos são extraídos e consumidos em outro lugar, deixando a outra comunidade a tarefa de lidar com os resíduos. Como o serviço também pode substituir uma atividade mais onerosa, o julgamento deve comparar o serviço digital com a alternativa real. Dados ambientais precisam de unidade, período, local, limite do sistema, método e uma declaração de incerteza. Um valor por operação não basta sem a demanda total. Uma média anual não basta sem o pico local. Além disso, a decisão deve mostrar onde recai o custo e quem recebe o benefício.[36]

A eletricidade como linguagem oculta do nosso tempo

A computação transforma eletricidade em memória, transmissão e resposta. A continuidade exige réplicas, reservas e capacidade pronta para entrar em ação: pode evitar uma interrupção social, mas não é gratuita. Fonte, horário, rede e território mudam a consequência do mesmo consumo; uma carga flexível pode ser deslocada; um serviço essencial, não. Por isso, um hospital e uma campanha publicitária podem usar infraestruturas semelhantes sem ter a mesma prioridade nem o mesmo custo de espera.[37]

Em 2050, Elena recebe a proposta de ampliar uma infraestrutura de computação nos limites da cidade. O dossiê promete investimentos, capacidade para pesquisa e serviços locais, recuperação de calor e menor consumo por operação. O painel resume tudo num único indicador favorável. Ela reconhece o benefício, mas pede para ver a demanda total, os picos sazonais, a fonte da água, a parcela de computação que pode ser adiada e os serviços que terão precedência durante uma emergência.

Na primeira reunião, o operador pede uma votação rápida porque outras cidades já oferecem terrenos e conexões. «Vocês estão afugentando o investimento», diz Irene, invocando empregos e arrecadação. A responsável ambiental mostra, porém, que uma fonte suficiente na média anual pode deixar de sê-lo nos meses em que agricultura, famílias e refrigeração atingem o pico ao mesmo tempo. Quando o operador invoca a flexibilidade dos contratos, Elena pergunta quais cargas serão interrompidas e com que antecedência os usuários serão avisados. Também quer saber quem tem autoridade para ordenar a interrupção. Sem essa tabela, a palavra flexibilidade transfere o risco para quem não está na sala.

Para sustentar o pedido, Elena manda reabrir um dossiê municipal de 2040. Um centro modular, descrito como inevitável, havia obtido procedimentos rápidos e uma adutora. Dois anos depois, o fornecedor retirara o sistema proprietário de refrigeração e transferira a capacidade para outro lugar; a cidade ficara com tubulações subutilizadas, cursos para empregos que nunca foram criados e uma garantia insuficiente para reconverter o local. O registro, que sobreviveu a funcionários e maiorias políticas, não demonstra que o novo campus fracassará. Impede apenas que a urgência comercial seja tratada como se não tivesse precedentes.

Irene não aceita que o dossiê de 2040 decida o novo projeto nem que a espera fique sem custo. Apresenta registros das horas de formação suspensas, dos contratos sem data e das pessoas candidatas que recusaram turnos curtos contando com o curso prometido. Elena responde com três cenários: votação imediata e picos incertos; seis semanas de verificação e perda da temporada; ou uma primeira fase reduzida, com menos capacidade e contratações. Irene obtém prazos de entrega e verificação, seguidos de uma data fixa para a votação. Elena impede que o silêncio da administração valha como anuência. No vencimento do prazo, o conselho terá de decidir ou justificar publicamente um novo adiamento, indicando o risco, a pessoa responsável e o custo transferido.

O adiamento muda o dossiê ao exigir que o operador separe as cargas contínuas das flexíveis. Os cenários de crescimento também devem mostrar o que acontece quando a energia ou a refrigeração não são suficientes.

A tecnologia digital também ajuda a rede ao coordenar cargas e integrar fontes variáveis, além de detectar vazamentos e antecipar falhas. Na proposta, uma parte da capacidade sustenta esses usos, e outra atende a clientes comerciais não essenciais. Elena aceita que os processamentos tenham finalidades diferentes. Exige que a prioridade declarada sobreviva à escassez e que a otimização não transfira a interrupção para quem não pode escolher.[38]

Durante um teste de estresse simulado numa tarde de julho, a capacidade disponível fica limitada e o conflito deixa de ser abstrato. No mesmo painel aparecem o modelo que sinaliza um vazamento na rede de água, o serviço que organiza a ordem de acesso a um ambulatório e uma campanha comercial que gera centenas de variantes para disputar poucos segundos de atenção. Os três consomem computação. Apenas os dois primeiros protegem uma função que não pode esperar da mesma maneira. Elena pede ao operador que reduza primeiro o ritmo da campanha e registre qual serviço foi preservado e quanto tempo ganhou. Qualquer dano causado pela redução do ritmo da campanha também deve ser registrado. Mas proíbe que o operador trate o rótulo «essencial» como suficiente. O ambulatório também deve mostrar que o modelo realmente reduz a espera ou o risco e que um procedimento mais simples não obteria o mesmo resultado. A prioridade não pertence ao setor por direito, pois precisa ser demonstrada no serviço concreto e confirmada novamente quando mudarem a necessidade, a escala ou a alternativa.

A ilusão da eficiência infinita

A eficiência mede quantos recursos são necessários para obter um resultado, e realizar a mesma tarefa com menos energia é uma melhoria real. Não garante, porém, uma redução geral, porque as pessoas podem solicitar uma operação mais barata com maior frequência e estendê-la a novos casos. Os fornecedores também podem incorporá-la automaticamente a cada serviço. A economia aparece quando a intensidade e o número de operações são lidos em conjunto. A abundância também pode enganar uma organização quando cada escolha recebe dezenas de previsões, aumentando o consumo enquanto fragmenta a atenção. Davide percebe isso quando sua equipe produz mais simulações do que consegue discutir, mostrando que a capacidade computacional disponível superou o tempo humano qualificado necessário para transformá-la numa escolha.[39]

A sobriedade, aqui, é a capacidade organizacional de perguntar o que merece computação, com qual precisão, frequência e duração, e não uma virtude privada ou um convite a usar ferramentas piores. Um processamento que reduz um risco clínico ou um vazamento de água não equivale a uma sequência destinada apenas a capturar atenção, mesmo quando ambos são tecnicamente eficientes. A escolha não pode recair somente sobre o usuário, já que configurações padrão, retenção automática, atualizações e modelos de receita determinam quanto processamento ocorre sem uma solicitação explícita. Projetar com senso de proporção significa oferecer modalidades dimensionadas para a tarefa, com meios de apagar o que já não é necessário, enquanto a intensidade máxima deve exigir uma justificativa em vez de ser a resposta padrão a cada solicitação.

O critério continua contestável: benefício concreto, alternativa menos onerosa, consumo total, distribuição do custo e possibilidade de reduzir o sistema depois do teste. Não produz uma classificação eterna dos setores. Até um serviço de saúde pode gerar computação desnecessária, e um uso criativo pode ter valor público. Obriga, contudo, a justificar escala e função em conjunto.

O painel inicial falhava porque comprimia tudo num único valor: a economia de energia podia compensar um pico de demanda de água no pior mês, os empregos temporários apagar a fragilidade da rede, uma média favorável esconder um limiar inegociável. Elena o substitui por grandezas apresentadas lado a lado. Energia, água, emprego, confiabilidade e benefício permanecem legíveis separadamente, junto com as pessoas e os lugares expostos. O indicador orienta a atenção; não decide de antemão quanto vale cada perda. Um benefício elevado não autoriza ultrapassar um limiar hídrico nem esconder quem terá o fornecimento interrompido. Quando duas dimensões entram em conflito, a divergência deve voltar à sala e produzir uma escolha reconhecível.

A cadeia produtiva oculta: minas, fábricas, logística, resíduos

Antes que um equipamento seja ligado, uma cadeia produtiva já extraiu, refinou, fabricou, montou e transportou. Um servidor incorpora recursos e trabalho provenientes de lugares diferentes. Cobre, silício, lítio, cobalto ou grafite ganham significado quando a decisão especifica componente, qualidade, proveniência, fase e possibilidade de recuperação, pois o rótulo «minerais críticos» orienta a investigação, mas, sozinho, não identifica dependência ou impacto.

O mesmo vale para o trabalho. Rastreabilidade e certificação tornam visível uma etapa, mas não demonstram, por si sós, salário ou segurança, nem a extensão do poder de negociação e do controle independente. O preço baixo pode incorporar a distância entre quem se beneficia do objeto e quem extrai, monta, transporta, repara ou trata o resíduo. Por isso, uma decisão de compra deve vincular o componente a um fornecedor, o fornecedor a condições verificáveis, essas condições a uma forma de reparação e o fim da vida útil a um responsável. Os dados sobre a cadeia produtiva dão ao comprador um ponto de partida para a verificação, que ainda precisa ser realizada.

As baterias mostram a sequência inteira. Sua utilidade para o armazenamento vem acompanhada de custos materiais que vão da fabricação ao fim da vida útil. Um dispositivo também se torna resíduo por causa de decisões de software e comerciais — suporte interrompido, bateria não substituível, formato fechado, peça de reposição inexistente — que desperdiçam recursos e trabalho já incorporados. Julgar o desempenho material pela durabilidade e pela segurança, ou pela reparabilidade e pela capacidade de atualização, não é, portanto, um apego nostálgico a objetos antigos. A reciclagem continua necessária, mas vem depois da necessidade, do projeto, da manutenção, do reúso e do reparo. Uma prestação de contas honesta mostra quanto material permanece em serviço e quanto é recuperado, mas também deve declarar a qualidade do que é recuperado, pois a quantidade, sozinha, pouco diz sobre seu uso futuro. Se a segurança ou o desempenho exigirem a retirada de serviço, o projeto deverá declarar sua vida útil e a alternativa, pois o resíduo também é resultado de uma decisão sobre o produto.[40]

A água e o território ao redor do data center

No projeto examinado por Elena, o data center não é um galpão neutro. Passa a fazer parte da rede elétrica, do plano hídrico, do uso do solo, das conexões de transporte e do mercado de trabalho. Pode oferecer capacidade confiável e investimentos que a cidade não construiria sozinha. Por isso, a decisão não pode se limitar à área ocupada ou ao preço da energia.

O dado sobre a água deve distinguir retirada e consumo de água, fonte, estação do ano e qualidade necessária. Uma média anual pode parecer modesta e se tornar crítica durante uma seca; dois sistemas de refrigeração com volume igual podem pesar de modo diferente sobre o território. O calor também deve ser contextualizado: quantidade, temperatura, distância dos usuários e meses em que há demanda efetiva.[41]

A tabela solicitada por Elena substitui a média por ordens de grandeza. No trimestre mais quente, o projeto prevê volumes acumulados de até cerca de 1,2 milhão de metros cúbicos de retirada e 780.000 de consumo; no trimestre de inverno, respectivamente, cerca de 420.000 e 110.000 metros cúbicos. Para a carga elétrica total do campus, incluídas as infraestruturas de apoio, adota-se uma média anual de 180 megawatts em plena operação, com um máximo horário de 260. A construção promete gerar cerca de 1.100 postos de trabalho na fase mais intensa; a operação plena, cerca de 120 postos permanentes.

Os valores da tabela são parâmetros construídos para o cenário, escolhidos para ilustrar demandas sazonais contrastantes, e não extraídos de uma instalação real ou apresentados como previsão. Servem para mostrar quais perguntas se tornam possíveis quando cada valor tem uma unidade e uma estação do ano declarada, com o limite do cálculo visível.

Os números dão à discussão quantidades e condições específicas a examinar, sem determinar a decisão. Elena pergunta que parcela da retirada retorna à mesma fonte, qual consumo coincide com as semanas mais secas, quais cargas produzem a distância entre média e pico e quantos postos duram o bastante para sustentar uma formação local. Acrescenta dois cenários: rede disponível e água escassa; água disponível e rede no limite. Em cada um, o projeto deve declarar o que reduz, e a mesma tabela deverá permanecer pública depois da abertura, para que promessa e funcionamento sejam comparados estação após estação.

O mapa revela ainda que o limite administrativo não coincide com o material. A água vem de uma bacia compartilhada com comunidades que não receberão a arrecadação do campus. A eletricidade atravessa nós que atendem hospitais, moradias e pequenas empresas fora da cidade. Medir apenas dentro do perímetro municipal apresentaria como eficiência local um custo transferido. Elena pede, portanto, o volume total, o ponto de retirada, a área afetada pelo pico e a autoridade capaz de reduzir uma carga.

Mesmo com energia de baixas emissões, o congestionamento continua relevante. A água de reúso precisa ser tratada, e levá-la até o destino exige tubulações e eletricidade. Para cada correção, o dossiê deve mostrar onde a pressão diminui e onde reaparece. As pessoas afetadas por essa transferência precisam de um meio de contestá-la. A cadeia produtiva é uma sequência de decisões justamente porque os recursos podem aliviar a pressão uns sobre os outros sem se anularem.

A recuperação de calor e o deslocamento das cargas podem melhorar o projeto. Elena pergunta, porém, quem usará o calor, quais tubulações existem, quem paga a manutenção e o que acontece se a demanda prometida não se concretizar. A medição útil acompanha o fluxo até o benefício, em vez de parar na instalação que o declara. A resiliência climática acrescenta outro limite. Um sistema eficiente em condições normais pode falhar sob a pressão da temperatura ou de restrições na rede ou no abastecimento de água. O plano deve indicar modo degradado, prioridade dos serviços, tempos de restabelecimento e responsabilidade. Acrescentar redundância deixa uma pergunta em aberto: qual função ela protege e qual carga é suspensa?

Elena preserva a melhor parte da proposta. Uma parcela da capacidade pode apoiar a pesquisa e ajudar a prever falhas, inclusive as que causam vazamentos na rede urbana. O benefício será verificado com indicadores de serviço — interrupções evitadas, perdas de água evitadas, tempos de resposta —, e não com o número de sensores ou processamentos. A parcela não recebe prioridade permanente porque, durante cada pico, deverá identificar a função protegida e a alternativa disponível. A carga comercial desacelerada para preservar essa função também deve estar visível. Assim, a decisão sobre o consumo continua vinculada ao serviço, não ao rótulo do projeto.

O pacto territorial parte de uma perda concreta. O operador elimina o segundo edifício da primeira fase, reduz o investimento em cerca de um quarto e adia a abertura por uma temporada. A autorização abrange apenas o bloco reduzido; a segunda fase fica suspensa até que um verão real tenha testado a água, a rede, as cargas e o emprego.

Se um limite sazonal for ultrapassado, a garantia financia o controle independente e qualquer ampliação adicional permanece bloqueada; se, durante um ciclo, forem respeitados os limites, a publicação e a prova de redução, o conselho decide em até quinze dias. Irene faz constar no registro os cursos cancelados, os contratos suspensos e as contratações efetivas; Elena preserva o direito de dizer não. A cidade aceita menos capacidade e arrecadação, e menos empregos, em troca de um limite que ainda possa deter o projeto.

No primeiro verão, a captação se aproxima do limite enquanto a rede atravessa uma semana crítica. O operador reduz as cargas comerciais adiáveis. Irene protesta porque a desaceleração não constava entre os custos declarados. Elena publica a sequência em que as cargas foram reduzidas e informa quanto tempo durou a redução. O registro identifica o serviço protegido por essa decisão. A cláusula custa capacidade justamente quando ela seria mais lucrativa. Por isso, demonstra ser uma condição, não uma fórmula ornamental.

A computação que deixa a Terra

Irene acrescenta ao dossiê a hipótese de transferir para a órbita uma parcela da computação de 2050. Elena não a descarta como fantasia nem a aceita como solução: separa demonstrações já realizadas, anúncios e o cenário da cidade, remetendo à nota técnica quanto às evidências e aos limites. A órbita pode liberar solo, água ou capacidade da rede, mas transfere a conta para lançamento, massa, calor irradiado, manutenção, comunicações e fim da vida útil. Irene consegue que a alternativa seja calculada; Elena, que nenhum deslocamento geográfico seja chamado de solução antes da comparação do ciclo de vida completo.[42]

Quem ganha com a otimização, quem paga pelo metabolismo

Benefícios e custos raramente habitam o mesmo lugar. Usuários distantes recebem respostas mais rápidas, enquanto empresas obtêm receitas ao fornecê-las. Instituições ganham capacidade. É em comunidades específicas que ocorre a extração e as fábricas operam, que se instalam linhas e instalações ou que os resíduos vão parar. A desigualdade também opera nas sociedades ricas, onde quem dispõe de capital compra redes estáveis e dispositivos duráveis, enquanto outras pessoas recebem serviços obrigatórios em infraestruturas frágeis e não conseguem arcar com atualizações contínuas. Uma melhoria geral real continua injusta se quem paga não participa da decisão.

Uma transição justa vincula a redução do impacto à distribuição das capacidades.. Quem suporta um custo territorial precisa de informações sobre ele e de proteção contra seus efeitos, e também deve ter acesso às oportunidades que o projeto cria. Quem perde uma função não recebe automaticamente a nova. As comunidades conhecem suas redes e sua água, assim como as necessidades locais, sem serem sujeitos uniformes. Preços e contratos alocam energia e computação, mas não decidem sozinhos qual demanda merece precedência quando a rede está sob pressão, pois os critérios devem continuar públicos e contestáveis.

Um bairro pode suportar trânsito e aluguéis mais altos enquanto os contratos especializados vão para outro lugar. Um município a montante pode restringir a água sem ter assento no conselho que autoriza o campus. Em contrapartida, formação financiada e licitações acessíveis podem deixar uma capacidade que sobreviva ao investidor, assim como infraestruturas reutilizáveis.

O pacto identifica, portanto, quem suporta cada custo, qual benefício lhe é destinado, quando será verificado e o que acontece se não chegar. Uma contribuição não compra o direito de ultrapassar um limiar hídrico, e uma consulta não substitui o poder de corrigir. As pessoas expostas devem receber os dados em tempo hábil para contestar o limite usado para medir o impacto. Suas objeções devem poder influenciar a fase seguinte.

Empresas e instituições: escolher antes de otimizar

Para uma empresa ou instituição, o primeiro passo é um mapa: quais funções usam computação, quais dados são conservados, quais dispositivos são substituídos e qual benefício modifica uma decisão. Não é necessário esperar por uma contabilidade perfeita, mas é preciso dispor de uma base repetível. Uma tarefa delimitada pode ser atendida por um sistema especializado ou por computação local. Uma regra transparente também pode bastar e, embora o modelo menor não seja melhor por definição, deve poder competir quando alcança o resultado necessário. Nas aquisições, o total já definido deve permanecer visível mesmo quando melhora a intensidade por operação. Durabilidade, reparabilidade, padrões abertos, modo degradado, manutenção e recolhimento pelo fornecedor entram no contrato. Deslocar a fabricação ou os resíduos não fecha a conta.

A alfabetização digital e a material devem andar juntas nas escolas e universidades: o que faz um sistema, de quais recursos depende, quem o mantém e quais alternativas existem. Não é preciso que cada cidadão calcule uma pegada. É preciso reconhecer uma medida sem limites definidos e uma promessa sem verificação. A transparência útil expõe finalidade, recursos, duração, cadeia produtiva, correção e incerteza, para que o dado ainda possa modificar a compra.

Os dados devem chegar enquanto a decisão ainda está em aberto e devem ajudar o comprador a reduzir uma carga ou mudar um projeto, negociar um limiar, preservar um benefício ou interromper uma função. Antes da assinatura, o comprador precisa de uma pessoa responsável e de um limiar com uma consequência declarada. Durante o uso, revisões regulares comparam o funcionamento com o acordo. Ao final, a responsabilidade se estende à manutenção ou ao reúso quando possíveis, e à desativação quando necessária. A prestação de contas que chega somente depois da compra registra o metabolismo, mas perde a oportunidade de mudar a escala inicial. A responsabilidade continua enquanto materiais e contratos e, por fim, resíduos permanecerem em circulação.

Uma nova ideia de progresso

O progresso não é sinônimo de maior capacidade. Na cidade de Karim, redes e mobilidade valem pela redução do ruído, das esperas e das perdas, não pelo número de dispositivos. Cada sensor ou previsão exige um benefício reconhecível; durabilidade, compatibilidade e saída protegem serviços e investimentos da obsolescência comercial daquilo que, materialmente, ainda funciona.

Proponho uma hierarquia da computação que permaneça aberta à contestação. Os usos que protegem a vida ou os serviços essenciais merecem prioridade, assim como os que apoiam o conhecimento, a acessibilidade e a resiliência. Os usos comuns devem apresentar evidências proporcionais às suas demandas. As atividades que consomem recursos principalmente para extrair atenção ou multiplicar ruído devem ter um ônus maior de justificação.

Minha intenção é oferecer um modo de examinar um uso específico, não uma lei nem uma classificação permanente dos setores.

Os critérios públicos e organizacionais são benefício concreto, alternativa, demanda total, sujeitos expostos, duração e reversibilidade; todos devem entrar nas autorizações e nas compras, para que novas evidências possam modificar a escala do projeto. A verificação acontece duas vezes. Antes: qual problema estamos resolvendo e com qual limite? Depois: o benefício se manifestou, a carga permaneceu proporcional, alguém suportou um custo inesperado e o sistema pode ser reduzido ou desligado?

Dois invernos depois, a consequência chega de outra direção. Um consórcio de pesquisa destina a uma cidade vizinha o novo centro de simulação que teria usado a segunda fase do campus. A ata cita prazos mais previsíveis. Não afirma que os limiares de Elena fossem inúteis. O operador reduz o programa local, e alguns cursos não reabrem. Não é o colapso anunciado durante a primeira sessão, mas é uma perda reconhecível, que afeta pessoas e orçamentos que teriam preferido outro resultado.

Irene leva a carta ao conselho sem pedir que o pacto seja revogado. Lembra que poder interromper uma expansão também significa aceitar que o investimento escolha outro lugar. Elena mostra os dados dos verões transcorridos nesse intervalo: cargas reduzidas durante dois picos e correção de uma estimativa hídrica otimista demais. As evidências permanecem juntas; uma não apaga a outra.

O município financia parte dos cursos com receitas inferiores às prometidas e publica o custo do projeto que não se concretizou ao lado dos serviços protegidos. Irene aprova as contas e vota contra Elena no orçamento seguinte. «A cláusula funcionou», diz. «A perda também.» Não há quem faça disso uma absolvição: a cidade conserva o direito de corrigir e a obrigação de lembrar a renúncia.

As contas se estendem para além do campus, até a cadeia produtiva que o mantém em funcionamento. Fabricantes de componentes mudam requisitos, operadores de rede mantêm conexões e instituições precisam saber qual alternativa existe quando um serviço falha. Essas dependências afetam quais cargas podem ser reduzidas e quem precisa continuar trabalhando. Devem constar do mesmo registro que os empregos que não se concretizaram e os serviços protegidos ao longo de dois verões. A discordância de Irene permanece ao lado da decisão de Elena nas contas aprovadas.

CAPÍTULO 14

O mundo que se divide para poder se conectar

A geopolítica entra na cozinha

A geopolítica entra na vida cotidiana quando uma licença muda, um componente não chega ou um serviço essencial depende de infraestruturas controladas em outro lugar. No caso imaginado para 2050, quantidades, prazos, custos e capacidades são parâmetros do cenário, não valores de mercado observados. Assim, a utilidade da conexão traz relações industriais e jurídicas distantes para dentro do dia a dia.

Davide descobre isso no início do dia. Uma atualização do fornecedor de nuvem não está disponível na região de onde opera um de seus parceiros, e o agente que coordena as entregas passa a operar em modo reduzido. Pedidos e pagamentos continuam, mas as datas precisam ser reconstruídas manualmente. A parceira é Asha Said, responsável pelas operações em Mombasa da empresa que organiza entregas entre o porto e os armazéns do interior, inclusive as coletas e transferências. Ela não administra a nuvem de Davide. Administra o que acontece quando uma data no sistema precisa se tornar uma entrega. É preciso designar um motorista e avisar o cliente antes que alguém assine o recebimento da carga. Quando o agente perde as funções regionais, ela precisa prometer um horário pelo qual esteja disposta a responder. Proteger a reputação do sistema não fará um veículo chegar ao cliente.

Davide abre a chamada falando de dezessete pedidos atrasados e da margem que terá de absorver esses atrasos. Asha vê outra unidade de medida. Ela recebe alterações e devolve comprovantes de entrega pelo mesmo canal que usa para confirmar coletas, mas ele já não produz um status confiável. Seus operadores conseguem ler os pedidos já recebidos, mas não sabem se uma alteração posterior chegou. Dois motoristas receberam instruções diferentes, e três clientes aguardam uma janela de horário que ninguém está autorizado a confirmar. Para Davide, a falha é um item de custo. Para Asha, ela passa a dominar toda a relação com esses clientes.

«Podemos continuar em modo reduzido», diz Davide. «É o procedimento de resiliência.» Asha pergunta o que, de fato, continua. «Você recebe o pedido e pode dizer que o serviço está aberto. Eu preciso decidir se envio um veículo sabendo que o endereço pode ter mudado. Se você chama de resiliência o fato de o seu lado permanecer funcionando, a palavra esconde o ponto em que o risco passa para nós.» Ela lhe pergunta quem responde por uma coleta errada e quem paga pelas horas paradas.

A planilha manual que Davide propõe contém destinatário, quantidade e último horário conhecido. Asha se recusa a usá-la como cópia do agente porque faltam o identificador da versão e o nome de quem aprovou uma alteração. Na planilha, um pedido cancelado é indistinguível de outro apenas atrasado. Ela aceita, em vez disso, um escopo mais restrito. Sua equipe liga para os clientes já designados e congela as alterações não confirmadas. Cada passagem recebe um horário e um nome, com o canal registrado para permitir que a mensagem seja recuperada depois. O trabalho fica mais lento. Ao menos a lentidão não produz duas histórias incompatíveis sobre a mesma carga.

Davide indica o fornecedor alternativo certificado em seu dossiê. Acredita que basta transferir o agente. Asha verifica o contrato: aquele serviço não é uma alternativa disponível para a unidade de onde o parceiro opera, e a certificação cobre o ambiente de Davide, não as identidades, os terminais e os procedimentos locais. A ativação exigiria uma nova verificação e levaria semanas, tempo de que não se dispõe enquanto dura a falha. A alternativa existe na tabela do cliente principal e continua inutilizável no ponto em que deveria substituir o canal.

Em seguida, Asha abre o aditivo que sua empresa assinou. A cláusula de jurisdição remete ao contrato principal e a um foro escolhido pelo fornecedor. Chegou junto com as credenciais como condição para entrar na rede. Davide havia negociado a tarifa, os níveis de serviço e o crédito, enquanto ao parceiro se pedira apenas que aderisse. Se a controvérsia se formalizar, Asha arca de imediato com o custo em turnos e clientes e só pode contestar a distribuição do dano longe do lugar onde ele se manifesta. A assinatura é válida no cenário. O poder com que foi obtida não se distribui igualmente.

Asha decide suspender a aceitação de novas cargas pelo canal enquanto houver qualquer pedido em aberto sem uma versão verificável. Ela perde comissões e sabe que um concorrente pode absorver parte das coletas. Preserva, porém, os veículos para as entregas já confirmadas e impede que os motoristas tenham de arcar de antemão com o custo de instruções contraditórias. Envia a Davide uma lista curta: acesso diário a um registro local exportável; autoridade explícita para ativar o procedimento manual; aviso direto quando uma função regional mudar; crédito compartilhado se a indisponibilidade recair apenas sobre o parceiro.

Davide tenta manter o crédito no contrato principal. Asha não aceita. «O reembolso chega até você, enquanto as horas paradas ficam aqui. Se quiser que eu reabra o canal, uma parcela precisa acompanhar o dano, e o registro precisa ser legível mesmo sem o agente de vocês.» Davide objeta que o fornecedor não reconhece uma interrupção: pedidos e pagamentos continuam funcionando. Asha lhe devolve o histórico das alterações não confirmadas e pede que escolha qual cliente deve receber primeiro uma data de entrega que ninguém consegue comprovar.

A escolha muda a negociação. Davide informa aos clientes que novas solicitações só serão aceitas depois do controle manual e abre mão da margem em duas entregas urgentes. O fornecedor permite uma exportação temporária do registro, sem reconhecer responsabilidade. Asha reabre o canal para os pedidos com versão confirmada e mantém os demais suspensos. Ela não obtém o serviço alternativo durante a falha, mas consegue que a continuidade seja medida no ponto da entrega e que sua decisão de interromper um pedido seja registrada como controle, não como inadimplência.

Quando o agente recupera todas as funções, Davide propõe encerrar o incidente. Asha vincula o encerramento a um teste em que um pedido é alterado, exportado, repassado ao procedimento local e reconciliado no sistema principal. O teste revela um atraso de quarenta minutos entre a atualização central e o registro disponível ao parceiro. Eles então estabelecem um limite para o atraso e uma notificação automática quando ele for ultrapassado. Um contato acessível deve responder quando isso acontecer. Davide também aceita que o crédito destinado ao parceiro não dependa do ressarcimento obtido junto ao fornecedor principal.

No relatório, Asha o faz apagar a expressão «restrição regional». «Escreva que o fornecedor alternativo não estava disponível para a nossa unidade, que não fomos nós que negociamos aquela cláusula e que suspendi as coletas. O resto é geografia usada no lugar das partes envolvidas.»

Ela não pretende falar por toda Mombasa, muito menos por um Sul uniforme. Fala pela empresa que dirige durante a falha e pelo contrato que deseja poder recusar ou corrigir. No dossiê, nome, função, interesse e consequência vêm antes do rótulo.

Nos quatorze meses seguintes, o canal perde três vezes algumas funções locais: uma atualização chega tarde, uma chave é inválida e um registro chega com atraso. Asha reúne os dados de cinco operadores e torna visíveis as horas paradas, a remuneração perdida, o combustível e as entregas que não ocorreram. Em uma sessão pública, o maior cliente pede prioridade para seus volumes; os operadores menores mostram que a espera sempre recai sobre eles. O órgão transfere recursos de um plano digital que nunca foi iniciado para um registro comum: os horários serão distribuídos segundo o dano, a espera e a ausência de caminhos alternativos, não apenas segundo o volume. «O custo não desapareceu», diz Asha. «Agora não o deixamos mais onde ele cai.»

Na renovação, Asha usa esse dossiê para obter um aditivo assinado pelo fornecedor, pela empresa de Davide e pela empresa de

Asha: aviso direto sobre mudanças regionais, cópia diária do registro, autoridade para suspender pedidos incertos e crédito para quem paga os veículos e os turnos. Davide abre mão de parte do desconto. Alterar essas condições por meio do contrato principal agora exige o consentimento da empresa de Asha. Quando uma nova atualização atrasa as mudanças, o aviso chega antes que instruções divergentes saiam do depósito, e Asha congela os pedidos afetados, mantém em andamento os que podem ser verificados e usa o crédito para pagar o turno. Ainda assim, um cliente escolhe um concorrente. A falha continua ocorrendo, e o pedido perdido continua perdido. A cláusula muda a distribuição dos custos e da autoridade quando isso acontece.

A manutenção decide quem continua tendo voz

Dezoito meses depois, no mesmo cenário, o registro comum está em operação. A falha espetacular terminou; resta o trabalho cotidiano que decide se a correção vai durar. Os grandes clientes enviam alterações diretamente de seus próprios sistemas e poupam esperas. Três empresas menores continuam telefonando porque seus terminais não suportam a última atualização. Cada ligação é transcrita por alguém. A continuidade conquistada por uma parte da rede se transforma em manutenção para outra, e o painel que mostra menos atrasos ainda não mostra quem passa o fim do dia reconciliando os pedidos.

O fornecedor principal se oferece para eliminar esse esforço sem aumentar a tarifa. Colocará o registro na própria plataforma, integrando ali também as prioridades e notificações. Em troca, a regra de atribuição dos slots permanecerá dentro do serviço, e os dados operacionais completos voltarão ao centro. Uma cooperativa de técnicos de Mombasa propõe um módulo menor, com treinamento local e uma exportação por dia. Custa mais no primeiro ano, não otimiza automaticamente as rotas e exige duas pessoas de plantão.

Qualquer uma das escolhas oferece vantagens a algumas partes enquanto pede a outras que sustentem o trabalho. O comitê precisa ponderar a economia de curto prazo em relação à capacidade que deseja conservar mais adiante, sem tratar a origem local como garantia de virtude.

Asha não decide sozinha. O comitê reúne operadores, motoristas, pequenos transportadores e dois clientes. O maior cliente pede a integração gratuita e oferece volumes em troca de uma faixa prioritária. Uma empresa com quatro veículos prefere o módulo local, mas não pode pagar por semanas de registro duplo. Os motoristas pedem que o tempo de espera não seja contabilizado negativamente em sua avaliação de desempenho quando o registro estiver incoerente. A discussão não produz um interesse territorial único. Torna visível quem compra velocidade, quem antecipa o custo e quem perde voz se a regra voltar a ser proprietária.

O comitê escolhe seis meses de teste com o módulo local e um escopo reduzido: versão do pedido, autoridade da alteração, tempo de espera, motivo da prioridade e exportação. Por enquanto, abre mão da otimização das rotas e paga turnos de treinamento em dupla. Asha consegue que cada nova funcionalidade indique também quem fará sua manutenção. A menor empresa obtém um canal de voz que produz o mesmo registro do acesso digital. O preço é concreto. Durante duas semanas, as confirmações ficam mais lentas e um cliente transfere parte das coletas para outro lugar. A autonomia não chega como economia, pois começa com tempo subtraído de um serviço que já funcionava bem o bastante para quem dispunha de mais ferramentas.

O primeiro teste real chega durante um congestionamento no porto. O maior cliente invoca, fora do registro, a via prometida. As empresas com um único veículo já perderam uma viagem. A regra publicada atribui o slot a quem espera há mais tempo, sofre o maior dano e não dispõe de uma rota alternativa.

Asha aplica esses critérios e nega prioridade ao cliente que garante mais volume. Perde o trabalho urgente e recebe uma contestação formal. O sistema não a protege da consequência, embora preserve a ordem da fila e o motivo da decisão. O registro identifica a pessoa responsável por revê-la. A voz conquistada pelo território tem valor porque muda um resultado mesmo quando custa receita.

Uma semana depois, os motoristas contestam outro dado. O registro considera espera apenas o tempo posterior à confirmação, enquanto eles já arcam com o custo durante as ligações necessárias para obtê-la. A cooperativa modifica o cálculo e recalcula as prioridades pendentes, publicando a justificativa. Antes, os motoristas eram a fonte silenciosa de um atraso. Sua contestação agora corrige a medida que distribui o trabalho. Também essa capacidade tem um preço, pois as reuniões entram nos turnos remunerados e o fundo comum cobre a manutenção, em vez de tratar participação e suporte como tempo gratuito.

Depois de um ano, as horas sem uma versão confirmada diminuíram, mas nem todos os envolvidos saíram ganhando. Uma pequena empresa abandona as entregas no mesmo dia porque manter dois canais continua oneroso demais. O grande cliente conserva mais alternativas do que os demais. O balanço finalmente inclui o custo do treinamento e do suporte. Os terminais aparecem ao lado dessas despesas e dos atrasos evitados. Asha pode exportar regras e histórico, trocar quem mantém o módulo e recusar uma prioridade sem perder as evidências. A dependência permanece, mas a manutenção já não pertence inteiramente à parte que impôs o primeiro contrato. A organização de Asha conserva o histórico e um direito prático de contestar como o arranjo funciona.

A infraestrutura por trás do contrato

Da mesa de Asha, a cadeia produtiva chega aos serviços de nuvem dos quais dependem as operações locais. Um mapa útil vai além das participações de mercado ao conectar cada nó à função que esse nó pode interromper, ao sujeito que o controla, aos substitutos já qualificados e ao tempo necessário para ativá-los. Dois fornecedores não criam resiliência se dependem do mesmo ponto ou se a alternativa não foi testada onde precisa funcionar.

Os semicondutores tornam essa interdependência visível, mas «chips» reúne classes muito diferentes. Um componente maduro para um dispositivo industrial não compartilha necessariamente fornecedores com um acelerador avançado. A qualificação de substitutos também envolve prazos potencialmente diferentes, com consequências estratégicas distintas. Cada um nasce de um ecossistema de projeto, maquinário, materiais, fabricação, encapsulamento, testes, energia, água e competências.[43]

A política industrial precisa, portanto, distinguir volume e criticidade: onde diversificar, manter estoques, certificar um substituto, reprojetar ou aceitar conscientemente a dependência. Produzir tudo em todos os lugares seria muitas vezes impossível. Ignorar um gargalo pode paralisar uma função essencial.

A mesma disciplina vale para cabos, estações costeiras, pontos de troca de tráfego, torres e satélites. O volume global não descreve a vulnerabilidade do porto de Asha: importam a rota, o ponto de chegada compartilhado, a capacidade de reserva, os terminais, o tempo de detecção e as pessoas autorizadas a reparar. Os satélites podem aumentar a continuidade e, ao mesmo tempo, introduzir dependências de operadores e da infraestrutura terrestre; «espaço» não especifica o serviço nem sua órbita, tampouco a alternativa terrestre. Um padrão pode viabilizar interoperabilidade, segurança e escala. Também distribui poder por meio das patentes e arquiteturas que favorece e dos custos de compatibilidade. Preservar a voz exige participar da definição do padrão e apoiar implementações viáveis. Uma regra também precisa permanecer aberta à contestação antes de se tornar a única porta de entrada.[16]

A nuvem, do contrato ao teste

O capítulo 3 já mostrou a natureza composta dos serviços de nuvem e das APIs, assim como do modo degradado, em vez de tratá-los como objetos abstratos. Nessa cadeia, a dependência se torna geopolítica quando uma controvérsia deixa indisponível uma função que a organização não consegue administrar em outro lugar. Um fornecedor internacional pode oferecer segurança e elasticidade superiores; a concentração não comprova abuso, e a localização nacional não garante confiabilidade.[44]

Antes da renovação seguinte, Davide testa uma migração limitada: um armazém, uma linha de pedidos e um cliente disposto a receber atualizações manuais durante dois dias. O teste deve concluir um pedido, produzir um relatório e retornar ao serviço principal dentro do limite declarado. Asha acrescenta um novo critério: a prova deve chegar ao ponto em que uma mudança se torna um veículo designado; uma saída que funcione apenas na sede de Davide não é uma alternativa para a cadeia.

A exportação não contém tudo o que é necessário: identidades, funções e exceções permanecem no serviço; três automações recorrem a filas proprietárias, e fórmulas e filtros não acompanham os arquivos. Davide estabelece um limite: se até a tarde não sair uma etiqueta válida, a equipe recua e registra o ponto da interrupção. O fornecedor observa sem corrigir a configuração durante o teste.

Nos parâmetros do cenário, quatro pessoas trabalham por nove dias — trinta e seis pessoas-dia no total —, com cerca de dezoito mil euros em consultoria. Uma entrega parte com trinta e seis horas de atraso. São necessárias onze horas, em vez das três indicadas no dossiê, para realinhar pedidos e identidades e harmonizar os registros. Permanecer sem mudanças economizaria cerca de trinta e dois mil euros no primeiro ano; sair exigiria de seis a oito semanas e um custo estimado entre cento e dez mil e cento e cinquenta mil euros, além da possível perda de um cliente. Esses valores distinguem a tarifa do custo do teste sem prever o mercado de 2050. Também mostram o preço futuro da saída, que nenhum desses valores, sozinho, representa.

O cliente prejudicado recebe crédito e o histórico da recuperação. A equipe preserva um modo degradado concreto — pedidos essenciais numerados, quantidades confirmadas manualmente, atualizações a cada quatro horas e uma única pessoa autorizada a conciliar os registros — e a renovação impõe um teste anual de identidades, configurações, automações e logs. No ano seguinte, uma automação muda sem que o pacote de saída seja atualizado: o procedimento manual evita duas versões da entrega, o fornecedor corrige a exportação e contesta o crédito. Davide mantém a reivindicação; Asha exige que a ata diferencie a recuperação central da capacidade do parceiro de designar um veículo. O teste recorrente custa tempo, mas impede que a fotografia do ano anterior seja confundida com a capacidade presente.

As abordagens dos Estados Unidos, da China e da Europa

Estados Unidos, China e Europa continuam sendo pontos de partida, não personagens unitários de 2050. A configuração dos Estados Unidos combina pesquisa e capital com capacidades públicas e grandes plataformas; pode acelerar a escala e concentrar infraestruturas privadas. A configuração chinesa coordena planejamento e manufatura em direção a objetivos industriais. Pode oferecer continuidade, vinculando tecnologia e dados ao controle político de formas avaliadas diferentemente pelos parceiros. As configurações europeias recorrem com frequência ao direito, à concorrência e ao acesso ao mercado; sua influência enfraquece se pesquisa e infraestrutura de nuvem não sustentarem regras e compras, sendo também necessárias indústria e segurança. São tendências condicionadas, atravessadas por conflitos internos, não trajetórias automáticas.

O mapa não termina na tríade. Mercados, polos manufatureiros, países ricos em energia ou materiais, centros financeiros, potências regionais e coalizões técnicas controlam nós diferentes. Um ator periférico na computação avançada pode ser central na logística, no encapsulamento ou num padrão. Os mesmos sujeitos podem cooperar em cabos, competir em chips e divergir sobre dados; por isso, os cenários de 2050 servem para comparar custos e margens de escolha, não para compilar uma classificação.

No depósito de Asha, a multipolaridade se torna concreta nos dois terminais sobre a mesa. Um recebe os pedidos internacionais; o outro abre o registro local. Na troca de turno, um operador copia um código, espera a confirmação e segura com força a chave do veículo. A configuração geopolítica importa aqui porque determina se o veículo pode partir e quem absorve a espera. Também determina qual regra o operador pode contestar.

Condições de participação no Sul Global

«Sul Global» é um atalho imperfeito para sociedades diversas, que não devem ser reduzidas a funções econômicas ou à condição de vítima coletiva. África, América Latina, Sul da Ásia e Sudeste Asiático são categorias igualmente amplas, dentro das quais um território pode ser decisivo para materiais, energia, produção, logística, competências ou inovação institucional. Toda afirmação precisa situar o projeto específico em seu país e em sua cadeia produtiva.

A pergunta útil é quem participa da definição das condições, dos padrões e do valor e qual capacidade cada um conserva ao fim do contrato.

Inclusão e subordinação coexistem. Pagamentos e identidade digital, assim como telemedicina e educação, podem preencher lacunas reais apesar da dependência de partes externas para arquivos e tributação, bem como para manutenção e padrões, embora o benefício permaneça incompleto se a organização que o recebe não desenvolver também a capacidade de governar o serviço e substituí-lo.

À noite, quando a conexão cai, o procedimento por voz deixa o mesmo rastro que o digital. O motorista não precisa escolher entre partir sem comprovação e abrir mão da viagem. A capacidade preservada ao fim do contrato vive no corpo de quem pode continuar sem inventar o que o sistema não mostra.

O que permanece mostra a qualidade de um acordo, das competências locais e da interoperabilidade ao espaço para empresas nacionais e às receitas sustentáveis, com auditorias e manutenção preservadas e voz mantida nos padrões. Um pacote fechado pode ser rápido e acessível e, ao mesmo tempo, tornar-se uma restrição se o projeto continuar fora do controle local e cada atualização trouxer decisões tomadas em outro lugar. Mesmo os atores mais ricos têm interesse em parceiros capazes de manter sua infraestrutura e inovar nela, com autoridade suficiente para contestar suas condições, pois a margem de escolha deixada aos outros é uma questão de justiça e uma condição da resiliência comum.

A inteligência artificial como infraestrutura estratégica

Se sistemas de IA de uso geral entrarem na pesquisa e na indústria, ao lado da administração pública e da defesa, poderão tornar-se infraestrutura estratégica porque multiplicam capacidades já existentes. Modelos, capacidade computacional, talentos, dados, energia e instituições produzem juntos o resultado. Possuir um modelo não equivale a exercer poder.

Também aqui as medidas exigem limites, porque parâmetros e operações, mesmo considerados junto com os investimentos, não dizem quem tem acesso, com que confiabilidade, a que custo energético, com quais competências e com que grau de concentração dos serviços de nuvem. Toda comparação deve declarar período, sistema, sujeitos atendidos e resultado observado.

Primeiro cenário, interdependência administrada: atores rivais mantêm comércio e pesquisa, diversificam os nós críticos e firmam acordos mínimos sobre infraestruturas civis e segurança. O benefício é preservar a escala com menos pontos únicos de vulnerabilidade à coerção; o custo é a duplicação e uma negociação lenta. Só funciona se a verificação e a resposta às violações forem críveis.

Segundo cenário, regionalização competitiva: ecossistemas diferentes constroem serviços de nuvem, padrões e cadeias parcialmente incompatíveis. Aumentam o controle local e a capacidade industrial, mas também os preços, as barreiras e as dificuldades para países e empresas obrigados a operar em vários espaços. A segurança obtida num bloco pode criar nova fragilidade na fronteira entre blocos.

Terceiro cenário, coalizões de geometria variável: nenhum bloco domina e os acordos mudam conforme chips, energia, cabos, dados ou modelos. Potências regionais e países que controlam nós específicos ganham margem de negociação; as alternativas aumentam, mas as regras e a continuidade tornam-se mais instáveis. Uso esses três cenários, que não são previsões mutuamente excludentes, para examinar escolhas; 2050 poderia combiná-los de maneiras diferentes conforme os setores e os momentos.

Poder cibernético, sabotagem e guerra abaixo do limiar

A pressão estratégica causa danos sem uma declaração de guerra: sabotagem, extorsão, roubo, registros manipulados ou serviços civis interrompidos. Os responsáveis podem ser Estados ou criminosos, inclusive combinações híbridas dos dois. Um catálogo serve pouco se não conduzir à função a proteger. Para uma sociedade conectada, segurança nacional também significa continuidade de hospitais, energia, pagamentos, logística e comunicações por meio de detecção, isolamento, procedimentos manuais, restabelecimento e informação pública. A atribuição continua lenta e contestada. Tratar cada incidente como prova imediata da ação de um adversário pode alimentar uma escalada; esperar por certeza perfeita pode deixar o dano sem resposta. As respostas devem, portanto, avançar com base em níveis de evidência explicitamente declarados, da contenção técnica às decisões políticas. Enquanto isso, os cidadãos pagam por dois riscos: a interrupção e os poderes introduzidos para combatê-la. A urgência torna mais difícil defender os limites estabelecidos no capítulo 12. Dados coletados para proteção ainda precisam de justificativa antes de serem reutilizados, e o perfilamento exige um mandato próprio.[45]

Poderes excepcionais deveriam ter finalidade, limiar de ativação, duração, registro, supervisão e encerramento verificável. Proponho essa disciplina sem afirmar que tais garantias já sejam uniformes. O conflito internacional permanece fora do alcance de Davide, que pode, porém, manter um registro offline essencial, com um procedimento de contato e papéis claros. Quando o agente passa a operar em modo reduzido, a equipe continua mais lentamente sem inventar entregas. A resiliência civil é também essa competência modesta, distribuída antes da crise.

Cooperação além das fronteiras

Uma autoridade global única e uniforme é pouco provável; ainda assim, a ausência de regras comuns seria dispendiosa. Infraestruturas e cadeias produtivas atravessam fronteiras e propagam incidentes e incompatibilidades. Acordos setoriais, que não terão os mesmos participantes nem a mesma força jurídica, podem proteger serviços civis e manter comunicações durante crises, ao mesmo tempo que definem testes de segurança ou de interoperabilidade, ou limites de uso. Seu valor depende de quão bem enfrentam um risco delimitado. Alguém precisa verificar o cumprimento, com uma consequência acordada quando ocorrer uma violação. No cenário multipolar, rivais numa cadeia produtiva cooperam em um cabo, parceiros militares adotam padrões comerciais diferentes e organismos técnicos mantêm canais abertos quando os governos divergem. Capacidade técnica, investimentos e compras tornam efetivos o direito e o acesso ao mercado. Os países menos poderosos ganham voz quando coordenam rotas e reúnem recursos e competências. A cooperação é medida pela sobrevivência dos serviços civis e das comunicações a um conflito. As pessoas também precisam conservar a capacidade de contestar o que se faz em seu nome.[45]

Autonomia dentro da interdependência

Aqui, «soberania tecnológica» indica a capacidade relativa de compreender, negociar, substituir e continuar dentro da interdependência, não uma autossuficiência imaginária. Ela cresce quando uma dependência não anula a escolha de um país, uma cidade ou uma empresa.

A fórmula torna-se verificável ao mapear os nós críticos, manter as competências necessárias para negociar e continuar em modo degradado, e testar as alternativas onde elas precisam funcionar. Davide escolhe um contrato menos vantajoso, com as dependências documentadas. Marca um novo teste de migração. O fornecedor principal permanece. Margem, formação e complexidade compram tempo e poder de negociação, não independência.

No encerramento, Asha abre a planilha dos turnos. Davide interrompeu uma linha, pagou consultores e perdeu um cliente; em Mombasa, mudar exigiria pessoal treinado e clientes preparados para a mudança, além de terminais e conexão. «Se só você pode pagar pelo teste, descrevemos o seu privilégio, não construímos uma saída.» Davide registra custos, competências e parceiros incapazes de migrar sozinhos.[46]

Quando o serviço volta, Asha tem as informações necessárias para designar um veículo e dar ao cliente um horário sustentado por um pedido confirmado. A planilha dos turnos ainda mostra os custos de chegar até ali. Sua empresa agora tem autoridade para recusar uma coleta incerta e corrigir o registro, mas um parceiro incapaz de arcar com a migração ainda precisa de uma resposta. Davide mantém esses parceiros e seus custos no dossiê para a próxima renovação.

CAPÍTULO 15

Os mortos que não vão embora

Passou-se pouco mais de um ano desde a morte do marido. Certa noite, enquanto organiza o conteúdo do celular, Teresa vê uma proposta: um serviço pode reconstruí-lo a partir das mensagens, dos áudios e dos vídeos da família. O serviço promete recriar a voz dele, o modo como ele escrevia, até o ritmo com que encerrava as frases. Basta um toque. Teresa permanece imóvel, com o dedo suspenso. Gostaria de ouvi-lo outra vez, mais do que qualquer outra coisa; justamente por isso, não sabe se aquele gesto seria consolo ou substituição.

Fotografias e gravações preservam vestígios do que aconteceu. Uma simulação usa esses vestígios para produzir novas respostas em primeira pessoa. Um arquivo autêntico, um perfil transformado em memorial, um modelo capaz de responder e uma personificação enganosa usada por terceiros diferem quanto ao acesso, à modificação, à duração, ao apagamento e à responsabilidade. Chamar tudo de «herança digital» encobre essas diferenças. Para Teresa, a pergunta é quem tem autorização para transformar esses materiais em uma presença operacional e com base em qual mandato. A precisão da reconstrução não responde a essa pergunta.

O luto quando nada desaparece

O luto pode incluir uma lenta adaptação à ausência, mas não segue um único percurso. Para algumas pessoas, ouvir uma voz novamente é um ritual; para outras, reabre uma ferida. Ainda assim, a disponibilidade permanente muda o contexto da escolha, com o chamado vindo da lembrança e de sugestões concebidas por um serviço, cujas notificações e renovações também moldam a escolha. O benefício deve ser levado a sério. Uma gravação pode sustentar uma homenagem, ajudar uma família a reconstruir uma história ou oferecer consolo durante um período delimitado. Uma pessoa pode desejar conscientemente uma simulação. Mas os efeitos dependem da pessoa, do tempo transcorrido, da forma de uso e da possibilidade de interromper. Temos motivo para impedir que uma interface transforme a vulnerabilidade em consentimento automático, sem deixar de abrir espaço para diferentes formas de viver o luto.

O peso de quem fica

Quem fica também enfrenta um trabalho administrativo: encerrar ou transformar contas, recuperar documentos, distinguir o que deve ser preservado daquilo que envolve pessoas vivas e decidir quem recebe acesso. Cada procedimento opaco transfere à família o custo de compreender contratos e recuperar senhas no pior momento. Um formato desconhecido apresenta outro obstáculo, mesmo depois de um arquivo ter sido recuperado.

Até decisões aparentemente mínimas adquirem então um peso desproporcional. Apagar uma fotografia duplicada pode parecer uma pequena traição; guardá-la, uma pequena recusa em deixar partir. As duas impressões podem se alternar na mesma tarde sem indicar que uma escolha esteja certa e a outra, errada. O problema surge quando uma interface transforma essa ambivalência em uma sequência urgente de caixas de seleção com efeitos irreversíveis, ou apresenta o acúmulo como forma automática de fidelidade.

Quem está de luto precisa de tempo para fazer uma pausa e rever decisões, com alguém disponível para assumir tarefas práticas. A administração deve continuar distinguível da lembrança. Um período de preservação protegida, com prazos compreensíveis e sem apelos comerciais, não resolve a dor, embora ao menos evite que cada clique tenha de assumir imediatamente o significado de uma despedida. Confiar uma escolha a um executor distribui a carga sem desfazer a ambivalência e permite decidir depois que a urgência administrativa se separou do momento emocional. Mesmo então, continua sendo legítimo ainda não saber o que preservar.

Proponho que uma pessoa possa designar, ainda em vida, um executor digital com poderes limitados, claros e abertos à contestação. O executor receberia autoridade para ações específicas, não a propriedade de uma vida inteira: exportar arquivos autênticos, encerrar serviços, ativar um memorial, recusar uma simulação ou solicitar o apagamento. Quando a vontade da pessoa, os direitos de terceiros e as regras aplicáveis entrarem em conflito, o procedimento deve indicar quem decide e como contestar a decisão, pois os termos da plataforma não podem ser o único mapa disponível.

Falar com quem já não está aqui

Teresa tenta imaginar a primeira pergunta: o que fazer agora, se está escolhendo bem, se ele aprovaria a vida que continua. O serviço poderia compor palavras plausíveis e até surpreendê-la, mas não poderia atribuir ao marido a responsabilidade por elas nem lhe devolver a liberdade de responder de um modo que ela não esperasse. Ele já não está ali para discordar e mudar junto com ela. Com uma pessoa viva, o consentimento permanece aberto à revisão enquanto a relação continua. A morte põe fim à liberdade da pessoa representada de restringir o mandato ou desmentir uma frase. Ele não pode responder pelo uso do próprio rosto e da própria voz. A necessidade de Teresa merece ser ouvida, mas não comprova o que seu marido teria desejado.

Uma autorização expressa em vida para uso post mortem deveria indicar quais materiais têm seu uso autorizado, para qual reconstrução, por quem, para qual público e por quanto tempo; quem tem autorização para ativá-la, suspendê-la ou desligá-la; se adaptações comerciais são permitidas; e o que acontece quando o serviço encerra as atividades. A pessoa deve poder modificá-la enquanto estiver viva.

Na proposta do livro, uma vontade presumida deve ser tratada como limitada e passível de contestação, pois o acesso a um arquivo ou um histórico de compartilhamento dele não autorizam automaticamente uma voz generativa em primeira pessoa, assim como não o fazem o parentesco ou o afeto. A incerteza pode justificar a preservação protegida do arquivo autêntico enquanto a decisão é esclarecida, sem conferir à plataforma o mandato de ativar a simulação.

Mesmo com consentimento, a reconstrução continua sendo uma conjectura, pois o sistema combina vestígios incompletos com regularidades aprendidas em outros contextos e pode produzir uma frase plausível que a pessoa jamais teria dito. A interface deve identificar continuamente a simulação e distinguir citações autênticas de texto gerado. A proveniência dos materiais também deve permanecer disponível. Nenhum grau de fluidez deveria transformar uma previsão em testemunho. O efeito sobre quem usa o serviço não pode ser inferido apenas da precisão. A literatura ética citada aqui levanta questões sobre dignidade, consentimento e controle comercial; não estabelece benefício ou dano terapêutico para uma pessoa específica que esteja de luto. A observação deve abranger frequência e duração, considerando os momentos de maior fragilidade junto com a pressão comercial e a capacidade real de interromper o uso. Se surgirem sinais de isolamento, uso compulsivo ou sofrimento crescente, um canal de apoio humano deve estar acessível sem que a plataforma se apresente como terapeuta. Uma presença delimitada pode consolar; outra pode manter a pessoa presa, e as necessidades da mesma pessoa podem mudar com o passar do tempo.[47]

Quem é dono dos nossos mortos

O modelo econômico pode vincular a memória ao pagamento. Para evitar isso, o arquivo autêntico e a simulação devem continuar separáveis: quem desliga o modelo deve poder exportar fotografias, mensagens e gravações em formatos utilizáveis. Uma fatura não deveria apagar a única cópia nem tornar uma escolha irreversível. Patrocínios, novas campanhas ou o uso da voz para vender exigem uma autorização distinta, concedida em vida; o consentimento para a memória familiar não equivale a consentimento comercial.

Os arquivos de uma pessoa também contêm vidas alheias. Dar acesso a uma caixa de entrada inteira expõe dados de pessoas vivas, inclusive suas imagens e confidências. Apagá-la pode eliminar documentos importantes para a família.

O acesso deve, portanto, ser graduado por tipo de conteúdo e finalidade, com a possibilidade de ocultar informações de terceiros e deixar um registro auditável das operações realizadas. Não existe uma resposta uniforme que se aplique a todos os ordenamentos jurídicos e serviços. A posse de um dispositivo deve continuar distinta dos bens que uma pessoa herda. Nem uma coisa nem outra deve ser confundida com um mandato sobre a pessoa representada.

Os netos e os antepassados

Um arquivo pode oferecer um benefício intergeracional real. Uma criança pode compreender melhor a própria história ao ouvir a voz de um avô que nunca conheceu ou ler uma carta, e ao ver como ele trabalhava. As famílias sempre construíram continuidade por meio de objetos e relatos. Os materiais digitais ampliam essa possibilidade. A diferença está entre encontrar um documento e receber uma resposta atribuída ao antepassado. Na proposta do livro, uma simulação para um menor de idade deveria ser reconhecível como tal, usada com a presença de um adulto, livre de mecanismos de pressão afetiva e limitada quanto aos materiais e à duração. Deveria poder mostrar a fonte de uma frase autêntica e sinalizar quando estiver gerando conteúdo. A riqueza do arquivo não autoriza ninguém a inventar uma relação que a pessoa falecida não escolheu e que a criança ainda não sabe avaliar.[47]

O direito de desaparecer

Diante da própria morte digital, as pessoas desejam coisas opostas: algumas querem deixar mensagens ou autorizar uma forma delimitada de diálogo, enquanto outras querem que contas e modelos sejam apagados. O conflito surge quando o desejo de quem fica encontra a vontade expressa por alguém que já não está vivo para negociar.

O direito vigente não oferece uma regra uniforme. O GDPR não se aplica aos dados de pessoas falecidas e deixa espaço para disposições nacionais. Na Itália, o artigo 2-terdecies do Código de Privacidade permite que determinadas pessoas exerçam alguns direitos, sujeitos a limites. Essa disciplina não elimina as diferenças entre os ordenamentos jurídicos nem atribui automaticamente a herdeiros ou plataformas um mandato sobre a pessoa. Nesse ponto, proponho uma proteção fundada na dignidade, embora não esteja descrevendo um direito post mortem uniforme já existente. Eu daria a cada pessoa a opção de uma diretiva digital que separasse a preservação do uso memorial, do treinamento e da simulação e designasse quem tem autorização para agir, estabelecendo público e duração, com disposições para exportação e desligamento. Os usos fora dessa autorização seriam proibidos. A vontade expressa em vida deveria prevalecer sobre os interesses comerciais e ter grande peso diante dos desejos dos vivos. A diretiva só tem valor se o serviço souber executá-la e se houver um meio de reparação quando não a cumprir.[48]

A memória não é um arquivo

Memória, arquivo e simulação desempenham funções diferentes. A memória muda com quem recorda; o arquivo preserva vestígios; a simulação produz novas combinações. Uma gravação precisa pode sustentar a lembrança e também dominá-la, pois a busca facilita que alguns vestígios venham à tona e se repitam, enquanto outros permanecem na sombra. Esquecer nem sempre é melhor, assim como preservar nem sempre é cuidar. A quantidade de material e a forma como as pessoas o acessam moldam a memória que emerge, assim como a forma da interação, sem esgotar a pessoa lembrada.

A memória humana seleciona e conecta em vez de registrar de maneira uniforme, e suaviza o que guarda. Pode preservar o ruído de uma chave na fechadura e perder a data de uma conversa decisiva. Pode deixar um gesto vir à tona antes do rosto. Essa imperfeição pode ferir. Algumas lembranças retornam com uma insistência dolorosa, enquanto quem se beneficiou de uma injustiça pode usar a memória seletiva para apagá-la.

Uma gravação pode corrigir uma lembrança e devolver uma voz que foi lembrada de forma equivocada. Também protege testemunhos que outros prefeririam perder. Mas recordar também ganha forma na escolha — muitas vezes não deliberada — dos vestígios que entram no presente e de sua intensidade. Uma memória seletiva pode ser terna porque não prende uma pessoa à totalidade do que ela disse, nem pretende resolver todas as suas contradições. Pode manter juntos um defeito e um gesto de cuidado sem transformar um deles na prova definitiva do outro.

O limite de projeto diz respeito ao poder que nasce de tornar tudo reconstruível. A busca e a reconstrução devem preservar o contexto, deixando espaço para que as pessoas mantenham distância e silêncio, e permitir que pessoas diferentes se lembrem de maneiras diferentes sem atribuir a quem controla o arquivo a autoridade para estabelecer uma única versão autêntica. Nos arquivos coletivos, a preservação protege o testemunho e a responsabilização, enquanto o apagamento pode impor o esquecimento. Os riscos da permanência total, contudo, incluem prolongar conflitos fora de contexto, expor pessoas vivas ou fixar rótulos. Mandato, curadoria, acessos graduados, retificação e datas de revisão tornam essa tensão governável sem fingir que tudo precisa permanecer ou desaparecer.

Permanece em aberto a questão do «esquecimento misericordioso». A misericórdia não autoriza destruir provas nem fugir à responsabilização, tampouco permite decidir pelos outros o que deve desaparecer. O esquecimento imposto pode proteger justamente quem detém o poder.

A questão é se cada vestígio deve permanecer igualmente pronto para reaparecer e igualmente fácil de acessar e pesquisar, ou se limites graduados, contexto e revisão podem impedir que a preservação se torne uma pena sem fim. Não existe uma resposta única; por isso, são necessárias instituições cujas decisões possam ser contestadas, capazes de distinguir testemunho, memória privada, interesse público e o direito das pessoas vivas de não serem definidas para sempre por um vestígio.

Deixar partir

Diante da tela inicial, Teresa compreende seu desejo com mais clareza, sem senti-lo com menos força. Ela pode querer uma resposta sem atribuir ao marido a responsabilidade por ela. Um arquivo pode ampará-la, e uma simulação autorizada poderia amparar outras pessoas. Para Teresa, a liberdade inclui recusar antes que qualquer coisa seja ativada. Ela quer manter o arquivo sem ser levada a se sentir culpada ou precisar demonstrar que o luto já passou.

Teresa fecha a oferta sem ativá-la. Ainda segurando o celular, não julga quem escolheria de outra forma. Conhece bem demais aquele desejo. Exporta as gravações autênticas, com a reconstrução desativada, e indica nas configurações que, para ela, arquivo e simulação devem continuar separados. Delimitou as ações permitidas ao serviço, enquanto seu luto continua sem solução e as outras pessoas permanecem livres para escolher de outro modo. Preserva os vestígios e recusa palavras novas. As configurações também impedem que o serviço interprete o silêncio do marido — ou o próprio silêncio futuro de Teresa — como autorização.

A exportação termina em uma pasta organizada por data, não em um rosto que a cumprimenta. Teresa abre o primeiro arquivo. Seu marido está gravando um lembrete na cozinha e, antes da voz dele, ela ouve o estalo da chaleira ao desligar, depois uma gaveta empurrada com o quadril até fechar e o breve raspar de uma cadeira. Ele diz que é preciso comprar pão e erra o nome da loja, depois se corrige antes de deixar três segundos de silêncio e encerrar a gravação. No segundo vídeo, metade do enquadramento permanece voltada para a mesa. Ele ri fora de quadro porque um parafuso caiu embaixo do armário. Quando volta para perto do celular, há poeira na manga e ele está ofegante. Nada foi retocado para que esses vestígios se parecessem mais com ele.

Teresa também ouve uma mensagem que, no primeiro impacto, lhe parece quase cruel em sua normalidade: «Vou me atrasar vinte minutos». Ao fundo, passa um ônibus, e uma rajada de vento atinge o microfone. Ela já sabe como aquela noite termina; o arquivo, não. A mensagem não faz perguntas nem mede quanto tempo Teresa permanece imóvel, com a palma da mão sobre a mesa fria. Reaberta horas depois, repete a mesma hesitação e o mesmo ruído, sem se adaptar ao luto nem prolongar a conversa transformando a pausa em um convite. Essa fixidez permite que Teresa a acolha como vestígio e interrompa sua reprodução. Algumas gravações lhe fazem bem; outra a faz se fechar novamente em poucos segundos. Não procura uma regra em seu próprio gesto. Preserva as duas possibilidades: voltar àquela voz quando desejar e deixá-la em silêncio quando o presente lhe pedir espaço.

Seu marido continua presente nas mudanças que provocou na vida de Teresa. Ela usa uma frase dele sem perceber e recorda um gesto que ele lhe ensinou. Algumas escolhas parecem possíveis porque ela o conheceu. Essas continuidades passam pelas vidas de quem o amou, mudando à medida que essas pessoas mudam. Não restauram um interlocutor intacto nem eliminam sua ausência. As gravações têm um lugar nessa vida, mas não podem determinar como ela se lembrará dele amanhã. Teresa guarda os arquivos e deixa a reconstrução desativada. Depois desliga a tela.

CAPÍTULO 16

Construir 2050

A liberdade de Teresa depende de uma separação concreta: conservar o arquivo sem ativar a simulação. Um princípio se torna praticável quando entra em uma arquitetura. O mesmo vale para compras e para a forma como serviços e organizações são construídos. O ciclo de vida a seguir usa quatro instrumentos ajustados ao risco: uma ficha antes da compra, um registro durante o uso, um procedimento de incidente e recurso e um teste de saída periódico. Cada um tem responsável, data, evento de acionamento, evidência preservada e consequência.

Eles não pertencem a um único setor e nem sempre conduzem à adoção. No caso de Davide, ajudarão a explicar por que um produto capaz recebe um não fundamentado que permanece aberto à reconsideração. Algumas ações já são possíveis hoje. Os limiares que proponho para 2050 ainda precisam ser testados nos diferentes ordenamentos jurídicos.

Antes do uso: ficha e mandato

A ficha é breve e antecede o contrato. Identifica o problema, os beneficiários pretendidos e a decisão ou o serviço afetado. Nomeia o fornecedor e as dependências, com as pessoas expostas e uma separação clara entre dados necessários e proibidos. O critério de sucesso fica ao lado do dano que seria inaceitável. A ficha registra se alguém verificou a compreensibilidade dentro do tempo disponível, inclusive em um caso-limite, e identifica quem tem autorização para suspender o sistema e qual modo degradado permanecerá; depois estabelece tanto uma data de reexame quanto uma data prevista de encerramento. A documentação do fornecedor subsidia essas respostas, mas não pode fornecê-las em nome da organização. Se a organização não consegue preencher a ficha, não dispõe de base suficiente para comprar. A finalidade é fazer essas escolhas antes que a fluidez de uma demonstração faça o produto parecer inevitável.

O mandato muda conforme o poder exercido. Na cidade, deve nomear quem tem autorização para suspender o sistema, o canal humano e o procedimento manual. Observar o ambiente não autoriza identificar as pessoas se o serviço puder funcionar sem fazê-lo. Na escola, torna legíveis a natureza artificial do sistema, as aquisições, as notificações e os mecanismos afetivos. Esses mecanismos não podem sustentar o engajamento comercial nem determinar se materiais e avanços serão preservados. Na saúde, separa automação administrativa, apoio passível de revisão e decisões de alto impacto. Proponho manter a responsabilidade humana pelo diagnóstico e pelo tratamento, inclusive pelas decisões de prioridade e alta e pela comunicação de prognósticos graves: uma responsabilidade que exige que uma pessoa competente possa decidir e ouvir, com capacidade de corrigir e responder pelo resultado dentro das regras do contexto.

Durante o uso: registro e supervisão

O registro acompanha o que o sistema faz e o que transfere para os outros. Na cidade, compara resultados, esperas, erros, reclamações e interrupções entre áreas e grupos; na empresa, registra tarefas transformadas, benefícios e custos de tempo, formação e qualidade; na universidade, distingue credencial de competência exercida; na mídia, relaciona origem, etapas generativas e o editor responsável.

A supervisão deve ser dimensionada para a tarefa, não certificada pela presença de um nome humano. Gravidade, velocidade do dano, simultaneidade, opacidade e reversibilidade determinam a carga de trabalho e a distribuição da revisão e da autoridade. Quem supervisiona deve ver e compreender o suficiente a tempo de interromper e corrigir a ação. Caso contrário, a assinatura se transforma em ritual. Nos diferentes setores, o registro relaciona versão, contexto, decisão, desvio e motivos, medindo também o trabalho criado e quem acumula discernimento em vez de receber apenas respostas prontas.

Quando algo foge do previsto: incidente e recurso

O procedimento de incidente declara as condições de acionamento — erro grave, uso fora da finalidade declarada, indisponibilidade, violação de segurança ou pedidos repetidos de recurso — e estabelece quem tem autorização para interromper o sistema, qual serviço manual continua, quem é avisado, quais evidências são preservadas, como dados e decisões são corrigidos e quem autoriza a retomada. Um relatório final sem poderes de suspensão e reparação ou autoridade para modificar a regra preserva memória burocrática sem oferecer reparação.

O recurso devolve voz a quem sofre o efeito. O processo deve confirmar o recebimento, preservar o material, classificar a urgência, nomear quem decide, comunicar o resultado e permitir revisão. A reparação pode exigir remoção, retificação visível, vinculação entre a afirmação falsa e seu desmentido ou proteção contra novas disseminações. Estudantes e pacientes que buscam revisão, como qualquer cidadão, precisam de um canal humano acessível que leve a alguém com autoridade para mudar o resultado. Sem poder e sem um prazo proporcional ao dano, a escuta e o formulário deixam intacto o sistema contestado.

Continuidade quando um sistema é encerrado

O teste de saída não se confunde com uma cláusula de exportação. Deve mostrar que dados, registros, configurações e permissões continuam legíveis e que a função essencial pode ser reconstruída fora do serviço principal. Deve testar também o modo degradado, os procedimentos alternativos e a proteção dos grupos expostos à exclusão. Durante a saída, usuários e trabalhadores ainda precisam de assistência e de alguém responsável pela continuidade. A organização continua responsável por administrar a complexidade que adquiriu, mesmo quando restringe ou substitui o sistema, ou o desliga.

Laboratórios compartilhados podem oferecer capacidade de teste, como na proposta de Lidia. Cada relatório, porém, deve conservar prazo de validade, versão, campo de aplicação e condições que obrigam a repetir o teste; caso contrário, o laboratório se torna um novo carimbo ritual. Ao lado dessas garantias, uma pessoa pode manter um dossiê de continuidade com recuperação da identidade, contato alternativo, delegações e prazos, serviços essenciais, consentimentos revogáveis e instruções sobre arquivos e simulação post mortem. Além de garantias públicas, essa tarefa exige canais de atendimento acessíveis que apliquem ao caso individual as perguntas do Teste sem deixar sozinha justamente a pessoa com menos condições de dispor de tempo ou dinheiro, ou de compreender a linguagem técnica.

Decidir pela não adoção

Considero o Teste 2050 especialmente útil quando as evidências resistem a um sim ou não inequívocos. Davide o aplica à proposta de um gêmeo operacional para o processo de contratação de sua empresa. A necessidade é real: as minutas se acumulam, as pessoas experientes entram tarde, e o fornecedor promete preparar propostas com mais rapidez ao ler solicitações e precedentes junto com as condições comerciais. Davide parte de dois fatos já estabelecidos: uma cláusula plausível havia sido aprovada sem que ninguém percorresse o raciocínio por trás dela, e a automação poderia retirar da colega mais jovem as etapas necessárias para se tornar competente. Aqui a pergunta é nova: o benefício revelado pelo piloto justifica a supervisão, o custo de formação e a dependência na saída?

Durante uma reunião, a ficha define como sucesso uma preparação mais rápida, sem correções tardias, exceções ignoradas ou compromissos que ninguém compreende. Nomeia os dados e as pessoas expostas, o responsável por aquisições, a autoridade para interromper, o modo manual, a data de revisão e o custo das horas necessárias para governar o projeto. Esse custo não fica escondido na rubrica genérica da inovação.

O mandato permanece no modo Propõe para cada cláusula de alto impacto. O mandato do gêmeo abrange comparar precedentes e sinalizar desvios para formular alternativas a partir dessas comparações; exclui escolher o resultado vinculante ou enviar a versão pronta. Turnos, preços, pessoal e compromissos contratuais permanecem fora da execução autônoma. O fornecedor o considera um revisor caro; Davide considera essa janela o ponto em que uma pessoa ainda pode enxergar o risco e responder por ele.

O fornecedor apresenta resultados em documentos de amostra, não nas exceções que geraram os conflitos mais caros. Davide, portanto, usa casos encerrados: em muitos, o sistema reconhece fórmulas anômalas e propõe uma reformulação útil; em um deles, trata como padrão uma renúncia aceita apenas para um cliente em situação de emergência. A prova é promissora e parcial. Enquanto um cliente espera uma proposta, Davide aceita o custo do atraso: nenhum documento sai do sistema. O piloto começará no modo sombra, nos mesmos dossiês usados pelas pessoas, que continuarão assinando cada etapa.

A colega mais jovem torna visível um custo que a ficha inicial quase havia deixado passar. Se recebe de imediato uma proposta plausível, pode verificar a superfície sem aprender por que uma exceção havia sido concedida ou qual erro havia alterado uma cláusula. A experiência já adquirida lhe oferece um método: formular uma hipótese antes de receber ajuda e, depois, refazer casos selecionados de trás para a frente. À medida que seu discernimento aumenta, a participação do gêmeo deve diminuir. Durante o piloto, Davide protege horas semanais para reconstruir as propostas com quem negociou as exceções. Essas horas saem da economia prometida. Assim, o benefício é medido por quem acumula competência e por quem corre o risco de receber apenas conclusões prontas.

O erro plausível é grave, mas seu efeito não é instantâneo. A proposta não altera sozinha um preço nem envia um pedido porque uma assinatura ainda separa o erro de sua consequência. Essa janela dá a um supervisor tempo para solicitar o dossiê e rejeitar a sugestão, com os motivos registrados.

Davide encarrega do reexame interno uma pessoa diferente daquela que preparou a proposta comercial. O fornecedor deve conservar os dados de entrada relevantes, a proposta, a versão exibida e a intervenção humana. Se o sistema continuar insistindo na mesma formulação depois de uma correção, o caso é encaminhado à pessoa responsável, que tem autorização para suspender o piloto. O recurso oferece um ponto acessível antes que a assinatura transforme uma sugestão em obrigação, sem prometer infalibilidade.

Em seguida vem o teste de saída. O contrato inclui uma cláusula de exportação de registros e dados, mas Davide pede um teste antes da ativação. A equipe lê os registros fora do serviço e descobre que não consegue reconstruir as configurações que distinguem um modelo de documento aprovado de uma exceção temporária, nem as permissões que determinam o acesso de cada função às propostas e sua autoridade para corrigi-las. Davide transforma a falha em condição suspensiva: até que a equipe consiga exportar e reabrir os registros junto com as configurações e permissões necessárias para usá-los, o gêmeo não verá dossiês reais, e a contagem dos noventa dias não começará. No segundo teste, a equipe reabre um dossiê em um ambiente separado e reatribui as permissões, continuando sem o serviço principal. Só então começa o piloto no modo sombra.

O veredito provisório é Limitar e testar. O piloto dura noventa dias, primeiro no modo sombra e, depois, se a comparação não revelar desvios críticos, no modo Propõe. Nenhuma execução autônoma é permitida em turnos, preços, pessoal ou compromissos contratuais. Cada supervisor acompanha no máximo doze processos abertos, limite que deverá ser revisto à luz da carga observada.

Para cada proposta comercial, Davide registra também as horas empregadas na preparação do dossiê, na revisão da proposta e na reconstrução do raciocínio com a colega mais jovem. O benefício será calculado depois desse trabalho. Se desaparecer quando a supervisão for realizada de fato, o sistema poderá continuar capaz sem ser a escolha certa.

Na metade do piloto, simula-se um incidente em que o gêmeo reutiliza uma cláusula favorável à empresa sem incluir a limitação acordada com aquele cliente. Nenhum contrato é enviado. A proposta é plausível, bem escrita e errada no ponto decisivo. Para perceber isso, a responsável pela área de contratos precisa reabrir o dossiê e verificar seu histórico. Também precisa discutir a exceção com quem a negociou. Ao lado do tempo de reconstrução e correção, a equipe registra o tempo gasto na comunicação com quem espera.

Davide nomeia a responsável pela área de contratos como a pessoa com autoridade para suspender o piloto, assume a responsabilidade pela decisão de prosseguir e registra na ata o dia 15 de outubro de 2050 como data da revisão final. O cliente recebe a proposta mais tarde e não considera o atraso um progresso moral.

Nas semanas seguintes, o gêmeo propõe cláusulas sólidas e reduz pesquisas repetitivas, mas cada vantagem exige leitura do dossiê e comparação com as exceções. As horas de aprendizagem ainda precisam ser protegidas. O reexame confirma uma capacidade operacional real e mede uma carga de supervisão superior à estimativa.

Em 15 de outubro de 2050, o fornecedor chega ao reexame com redução nos prazos e pede para passar do modo Propõe ao envio automático das propostas comerciais. A responsável pela área de contratos abre três dossiês. Em dois, o gêmeo reduziu o trabalho repetitivo e organizou os precedentes; no terceiro, voltou a propor, com palavras diferentes, a cláusula rejeitada. A colega mais jovem reconhece o erro porque havia reconstruído aquele precedente durante o aprendizado. A ata separa o tempo bruto economizado daquele gasto para verificar fontes, discutir exceções, manter o registro e formar quem terá de exercer discernimento. Depois dessa subtração, o benefício permanece, mas é modesto e irregular. O sistema continua capaz e útil, produzindo minutas organizadas a partir de semelhanças úteis e acelerando etapas simples do processo. Para usá-lo ali, porém, a empresa precisa mobilizar as pessoas experientes que pretendia liberar.

O teste de saída acrescenta um segundo custo. Registros e configurações são transferidos, mas precisam ser verificados; permissões e exceções exigem assistência, e parte do trabalho continua vinculada ao formato do fornecedor. Nada disso torna o contrato injusto. Torna visível uma dependência que só faria sentido em troca de uma vantagem maior.

Davide compara o piloto com uma alternativa organizacional: um conjunto de cláusulas aprovadas, exceções indicadas na abertura do dossiê, envolvimento antecipado da pessoa experiente e horas protegidas para reconstruir os casos. O fluxo deixa a redação das propostas comerciais a cargo das pessoas; as esperas permanecem. Reduz, porém, as etapas desnecessárias, preserva o aprendizado e tem um custo de governança menor.

A comparação coloca frente a frente duas arquiteturas para a mesma necessidade. No vocabulário do Teste, a decisão passa a Não delegar. Davide recusa o envio automático e também a renovação no modo Propõe. Comunica que a empresa não adotará o gêmeo e pede o início do procedimento de saída previsto no contrato. O fornecedor receberá o que lhe é devido; o produto poderá ser útil com uma relação diferente entre benefício e controle. Aqui, o benefício residual não justifica supervisão e dependência, enquanto existe uma alternativa organizacional melhor. Em 15 de outubro de 2050, o piloto é encerrado.

Antes do fim da reunião, o representante comercial pede uma justificativa breve: desempenho insuficiente, risco ou preço. Davide não escolhe nenhum desses rótulos. O produto passou em vários testes, mas não atingiu o limite econômico e organizacional daquele processo, com aquele volume e aquela capacidade de supervisão.

A colega mais jovem pergunta se as horas de aprendizagem serão mantidas. A responsável pela área de contratos as inclui no calendário das oito semanas seguintes, enquanto o diretor comercial registra sua discordância. O gráfico da redução dos tempos e a tabela de horas de trabalho especializado continuam ambos verdadeiros e, isoladamente, insuficientes. Davide assina a renúncia a um benefício real e mantém o dossiê aberto: saída a verificar, tempo protegido e uma data para voltar a questionar o escopo. A recusa deixa um projeto próprio, com pessoas identificadas que respondem por seus custos e consequências.

Os custos da recusa e da reconsideração

A recusa não libera ninguém. O fornecedor inicia a saída e pede que a empresa descreva cada configuração contestada. A responsável pela área de contratos deixa as novas propostas comerciais na fila enquanto confere novamente permissões e exceções; um cliente, irritado com o atraso, passa para um concorrente. Davide não atribui a perda à máquina nem ao fornecedor, pois ela também decorre do tempo que a empresa escolheu gastar no encerramento do sistema sem deixar dossiês ilegíveis. Na ata de 16 de outubro, registra o cliente perdido ao lado dos riscos evitados. O custo do não entra no mesmo cálculo que havia reduzido o benefício do sim.

A alternativa organizacional começa pior do que uma apresentação. As cláusulas estão dispersas, algumas exceções têm nomes diferentes e as pessoas experientes se lembram de etapas que nunca foram registradas. Durante duas semanas, o grupo interrompe o trabalho habitual todas as tardes, reunindo as versões, indicando preço, responsabilidade e entrega na abertura de cada dossiê e vinculando cada exceção ao caso que a havia justificado. Uma reunião semanal designa imediatamente o especialista necessário.

A empresa está construindo um sistema menor, com regras de acesso escritas e manutenção própria. Ele exige horas protegidas, assim como o sistema recusado, em vez de representar um retorno à dependência da memória informal.

O diretor comercial contesta a decisão, citando o cliente perdido e as propostas ainda à espera. Também aponta as horas que a empresa não pode faturar. O limite depende desse volume de trabalho e das pessoas experientes necessárias para supervisioná-lo, junto com a dependência na saída. O piloto não oferece base para afirmar que o ser humano seja sempre melhor. Se o processo ou a capacidade interna mudarem, a proposta será reexaminada em 15 de abril de 2051. Assim, a ata atribui o não a uma pessoa que deve responder por ele.

Na terceira semana, chega uma solicitação urgente com uma cláusula de responsabilidade quase idêntica àquela que o gêmeo havia tratado como padrão. A colega mais jovem encontra a exceção porque agora ela está sinalizada na abertura do dossiê e reconstrói, com a responsável, o telefonema que lhe havia dado origem. A proposta comercial é enviada com atraso, mas sem transferir aquele risco. Dois dias depois, em um contrato comum, o mesmo fluxo exige mais tempo do que o gêmeo teria levado e não acrescenta nenhum valor. Os dois casos permanecem juntos. O primeiro mostra que a competência cresceu; o segundo impede que a escolha seja transformada em uma vitória retrospectiva.

O fornecedor entrega a exportação final e revoga os acessos, conservando apenas o que o contrato exige. Depois de reabrir sem assistência um dossiê escolhido ao acaso, Davide assina o encerramento, paga o saldo e encaminha ao fornecedor o caso da exceção repetida. A empresa fica sem a automação e com um cliente a menos, mas conserva uma competência interna mais distribuída.

No reexame de 15 de abril de 2051, Davide compara esperas, correções tardias, margem, horas dos especialistas e aprendizado. As correções dispendiosas diminuíram, e a colega prepara alguns dossiês sem assistência, mas as propostas comerciais simples continuam mais lentas e menos rentáveis.

O diretor comercial propõe então um serviço limitado à pesquisa de precedentes, de custo menor e sem acesso aos dossiês abertos. Davide autoriza um novo teste em modo sombra com casos encerrados, separado de qualquer decisão de compra e avaliado em termos de supervisão e formação. Reabrir a questão exige um limiar por cuja aplicação alguém responda. Uma segunda recusa deve continuar possível.

O novo teste devolve uma decisão às pessoas que conviverão com ela. Davide precisa justificar o tempo que o teste consome, e o diretor comercial tem motivos para contestar o que a empresa recebe em troca. Manter essa divergência em aberto exige evidências disponíveis para reexame e um meio prático de mudar o arranjo. O ciclo de vida lhes oferece ambos. Por enquanto, o serviço de pesquisa proposto tem acesso apenas a casos encerrados. A empresa não assumiu nenhum compromisso de comprá-lo.

EPÍLOGO

Em uma terça-feira de junho de 2051, Matteo está em um trem quando o setor recebe o aviso de contaminação da água em dois bairros. O procedimento criado meses antes atribui imediatamente os materiais, a assinatura, os canais acessíveis e o horário da revisão. Uma colega mais jovem publica o texto sem esperar seu retorno. Matteo lê a notificação no celular e não intervém: pela primeira vez, a capacidade não depende de sua prudência no momento da crise.

Na cidade de Elena, uma atualização do fornecedor chega com a identificação automática ativada por padrão nos acessos externos. O registro do Mandato sinaliza o desvio antes da entrada em operação e bloqueia apenas essa função; as contagens anônimas e os alertas operacionais continuam. Ninguém precisa reconstruir do zero o limite político estabelecido meses antes, mas o controle custa dois dias de trabalho manual e atrasa a abertura de um novo acesso.

Às onze horas, o aviso sobre a água é corrigido: o primeiro texto havia incluído uma rua atendida por outra rede. A versão inicial permanece visível ao lado da retificação, os quiosques recebem a atualização e o número público registra as ligações de quem já havia comprado água ou perdido um turno. O procedimento torna o erro legível; não devolve o tempo nem impede que alguém acuse o setor de ter criado alarme.

Irene pede que os dois dias perdidos por causa da atualização bloqueada apareçam na prestação de contas pública ao lado do risco evitado. Não propõe aceitar a função para economizar tempo; contesta, porém, um contrato que transfere para a cidade o custo de descobrir cada nova configuração padrão. Elena convoca o fornecedor e marca uma revisão das especificações. Irene protocola outra nota de discordância, pois o procedimento deu forma à divergência, sem resolvê-la.

Naquela tarde, Sofia recebe o resultado das primeiras contestações ao relatório sobre adaptabilidade. A categoria que penalizava trajetórias de cuidado e trabalhos sazonais foi removida, mas as revisões humanas exigem vários dias extras justamente das pessoas que já haviam esperado mais. Sofia não reabre a análise anterior; em vez disso, muda o prazo do serviço e designa pessoal para os casos suspensos. O custo residual é publicado como parte da correção. Mudar a regra deixou uma segunda tarefa: enfrentar os atrasos que ela produziu.

Pouco depois, Luca vê na passagem de plantão a pergunta que Teresa havia feito meses antes: «Se os números tivessem sido normais, vocês teriam me escutado mesmo assim?» Ela se tornou um campo da entrevista, não uma resposta automática. Uma jovem médica anota que o painel está estável e, ainda assim, pergunta a Teresa o que a levou até ali. Sua voz entra no caso antes que ele seja encerrado, embora a consulta não produza um novo diagnóstico.

Naquela noite, Amir envia a um colega uma música com um acorde errado e a respiração perto do microfone. O assistente propõe limpá-la; ele encontra uma palavra e preserva a primeira gravação. O colega ri no trecho sério e depois pede para ouvi-la de novo. Amir se irrita, tenta se explicar e permanece na conversa. A reciprocidade custa mais do que a disponibilidade perfeita.

Naquela terça-feira, ninguém salvou o futuro. O aviso assustou pessoas que não estavam em perigo, o acesso permaneceu fechado, as candidaturas esperaram e Teresa voltou para casa sem solução. As escolhas anteriores deixaram capacidade: uma colega que age, uma atualização que é bloqueada, uma regra que é corrigida, uma pergunta que sobrevive ao plantão. Pessoas identificadas têm datas para reabrir o que não funcionou.

O que não delegamos

Essas escolhas articulam instrumentos e pessoas capazes. As máquinas organizam, sinalizam, comparam e propõem. A pergunta diz respeito à relação que queremos estabelecer com aquilo que elas sabem fazer e à parte da decisão que deve permanecer com quem pode responder por ela. Definir o humano por aquilo que uma máquina ainda não sabe fazer seria frágil. Os sistemas ignoram o contexto e interpretam mal uma exceção. Também confundem uma correlação com uma razão. Alguns limites diminuirão, enquanto outros mudarão. Se vinculássemos a dignidade ao desempenho em que ainda mantemos uma vantagem, teríamos de recuar sempre que uma máquina melhorasse e mediríamos pelo mesmo padrão as pessoas menos rápidas, produtivas ou autônomas.

Uma máquina pode melhorar no reconhecimento da ironia e na reconstrução de exceções. Também pode distinguir um alerta de uma variação inofensiva com mais precisão do que antes. Não é preciso negar isso para defender um limite, pois capacidade e confiabilidade não conferem, por si sós, autoridade. A pergunta continua sendo quem pode lhe confiar o poder de agir, com que finalidade, com quais consequências e por quanto tempo. Não estou reservando um catálogo de atividades para a nossa espécie nem pedindo que as pessoas recusem ajuda. As máquinas preparam minutas e fornecem lembretes ou executam tarefas delimitadas que incluem cálculos e comparações. Quero que a atribuição do poder permaneça visível ao longo de toda essa assistência. Alguém deve conservar a autoridade para ouvir uma contestação e mudar o resultado, com razões que esteja disposto a explicar às pessoas afetadas.

A responsabilidade liga um nome às consequências ao longo de todo o curso da ação. No caso de Matteo, a autorização inicia uma responsabilidade que continua depois da publicação. Alguém deve guardar as versões e conservar o poder de suspender o conteúdo, com o dever de corrigir o que chegou ao público, para que «foi o sistema que decidiu» deixe de ser uma justificativa.

A reciprocidade diz respeito a uma relação entre pessoas livres para surpreender umas às outras e discordar, e depois escolher voltar.

A liberdade de mudar introduz o tempo: uma decisão permanece humana se puder ser corrigida e não prender a pessoa ao que o sistema havia inferido ontem. Teresa preserva o arquivo e recusa a simulação; pode escolher novamente sem perder a assistência. Revogação, retificação, revisão e saída devem ser praticáveis, não apenas visíveis na interface.

A presença continua necessária quando não existe uma solução. Luca pode usar instrumentos precisos sem permitir que um painel encerre a pergunta de Teresa, embora ainda precise explicar a incerteza e ouvi-la, permanecendo responsável pelo cuidado mesmo quando nenhum resultado elimina o limite. A tecnologia pode sustentar essa presença; não deveria se tornar o pretexto para retirá-la.

Responsabilidade, reciprocidade, liberdade de mudar e presença são práticas frágeis, que pessoas e instituições traem; máquinas podem sustentá-las. O que não delegamos é a tarefa de preservar suas condições concretas.

De volta ao trem naquela manhã, Matteo deixa o aviso nas mãos da colega porque o procedimento lhe dá autoridade para agir e a torna responsável pelo que vem depois. Mais tarde naquela manhã, a correção exigirá mais trabalho. Para os moradores da rua incluída por engano, a questão prática é se alguém atenderá o número público e fará algo com o que eles disserem.

APÊNDICE

Ferramentas para o leitor

Estas páginas permitem consultar o método da narrativa. O mapa distingue os três vocabulários controlados. A síntese reúne as sete perguntas do Teste 2050, e o caso de Davide mostra como uma decisão pode reconhecer um benefício real e, ainda assim, escolher não delegar. O glossário essencial define os conceitos necessários para voltar aos capítulos sem transformar o apêndice em um segundo livro.

O Teste não atribui pontuação nem certifica um produto. Para cada pergunta, registra um estado — Suficiente, Não resolvida, Bloqueante — e conduz a uma decisão organizacional — Prosseguir, Limitar e testar, Não delegar ou Interromper. Uma condição Bloqueante não é compensada pelos demais benefícios. Se o modelo, os dados, o fornecedor, a escala, a tarefa ou os responsáveis mudarem, o Teste deve ser reaberto.

Os verbetes distinguem, quando necessário, os fatos históricos e técnicos documentados dos cenários narrativos ambientados em 2050 e das propostas originais do livro.

As versões completas da ficha preenchível, do protocolo avançado de teste com dois sistemas, do registro integral do caso de Davide e do glossário estão disponíveis na página Recursos online indicada ao final do apêndice.

Mapa dos três vocabulários

As três listas respondem a perguntas diferentes. A modalidade descreve o poder exercido pelo sistema; o estado da resposta qualifica cada pergunta do Teste; a decisão organizacional define a autorização em seu conjunto. Não se somam nem se convertem automaticamente umas nas outras.

Plano	Vocabulário e significado	Regra de uso
Modalidade do sistema	**Auxilia** — prepara, organiza ou torna visíveis os elementos sem escolher o resultado. **Propõe** — recomenda uma opção que uma pessoa competente pode modificar ou rejeitar. **Decide** — seleciona um resultado nos limites do mandato. **Executa** — produz efeitos sobre o serviço, o mundo ou os direitos.	Descreve o poder exercido em uma tarefa e em uma etapa. Pode mudar dentro do mesmo sistema.
Estado da resposta	**Suficiente** — permite decidir dentro dos limites de versão, data e perímetro definidos por escrito. **Não resolvida** — exige evidências, uma pessoa responsável e um prazo. **Bloqueante** — impede a delegação ou obriga a restringir ou interromper o uso enquanto a condição não mudar.	O estado qualifica cada uma das sete respostas.
Decisão organizacional	**Prosseguir** — autorizar o perímetro definido por escrito. **Limitar e testar** — autorizar um teste delimitado, reversível e que possa ser interrompido. **Não delegar** — não confiar esse poder ao sistema no contexto atual; registrar a alternativa e seu custo e programar um reexame. **Interromper** — pôr fim a uma autorização já em vigor.	Registra a escolha em seu conjunto. Não decorre automaticamente da modalidade nem do número de perguntas cuja resposta é Suficiente.

Etapa	O que deve permanecer observável
1. Teste	Finalidade, Mandato, Evidência, Distribuição, Dano, Recurso e Saída; evidências e condições não compensáveis.
2. Mandato	Tarefas, modalidades, dados, pessoas, locais, duração, volume, registros, proibições, limiares e autoridade para interromper.
3. Monitoramento do ciclo de vida	Versão, benefícios, exceções, carga de supervisão, incidentes, recursos, competência residual e teste de saída.
4. Limitar, sair ou interromper	Restringir o mandato, passar para o modo degradado, substituir o sistema ou interromper seu uso quando as condições já não se sustentarem.

As sete perguntas do Teste 2050

Preencha o Teste com fatos datados, indicando, para cada resposta, os documentos, a versão e o perímetro coberto pela evidência. Suficiente sustenta uma decisão apenas dentro do perímetro definido por escrito. Não resolvida exige evidências, uma pessoa responsável e um prazo. Bloqueante restringe ou interrompe a delegação. Benefícios e desempenho não compensam a ausência de Recurso, Saída ou autoridade para interromper.

1. **Finalidade** — Qual problema observável se pretende enfrentar, para quem e com qual critério de melhoria? Qual alternativa menos invasiva e qual custo de não intervir foram comparados?
2. **Mandato** — Para cada tarefa, o sistema Auxilia, Propõe, Decide ou Executa? Quais dados, pessoas, locais, duração e volume delimitam esse poder; quais ações são proibidas e quem tem autoridade para interromper o sistema?
3. **Evidência** — Quais fontes, dados, desempenho no contexto, limites e casos de falha sustentam a escolha? A compreensibilidade foi verificada, no tempo disponível, em um caso comum e em um caso-limite?
4. **Distribuição** — Quem se beneficia, ganha tempo ou poder, e quem arca com trabalho, risco, custos materiais, treinamento ou

dificuldade para contestar? Quem paga durante a correção e quem paga se a delegação não chegar a ser iniciada?

5. **Dano** — Qual falha plausível pode ocorrer, quão grave e reversível ela é e quanto tempo passa antes que se torne difícil corrigi-la? Qual limiar é inaceitável e qual reparação ainda é possível?
6. **Recurso** — Quem é afetado pelo resultado recebe uma notificação compreensível e tem acesso aos elementos passíveis de correção? Essa pessoa consegue chegar, em tempo hábil, a um revisor competente com autoridade para suspender ou modificar o resultado e comunicar as razões?
7. **Saída** — O sistema pode ser interrompido ou substituído preservando dados, direitos e serviços essenciais? As configurações, permissões e registros são reutilizáveis; o modo degradado foi testado; quando ocorreu o último teste real e quem arca com o custo desse teste?

Auxilia não equivale a Prosseguir; Suficiente não equivale a uma avaliação positiva. Depois das sete perguntas, a decisão em seu conjunto deve indicar o perímetro autorizado, as ações proibidas, as condições para o início, os limiares de interrupção, a pessoa responsável, a data de reexame e a alternativa mantida.

Quando uma resposta é Suficiente e quando é Bloqueante

Finalidade — Suficiente quando a necessidade é observável, os beneficiários são identificados, um critério de melhoria está definido por escrito e a alternativa menos invasiva e o custo de não intervir foram comparados. Bloqueante quando o único objetivo declarado é «usar a IA» ou obter uma economia cujo custo recai sobre pessoas que não podem se opor.

Mandato — Suficiente quando a modalidade está definida por escrito (Auxilia, Propõe, Decide, Executa), com limites, uma pessoa responsável e um procedimento de escalonamento, e a pessoa que reexamina os resultados dispõe de tempo, competência e autoridade para rejeitá-los. Bloqueante quando um sistema chamado de «apoio» opera como Decide ou Executa porque ninguém pode contrariar seus resultados a tempo.

Evidência — Suficiente quando o desempenho foi medido no contexto de uso, os limites conhecidos estão documentados e a pessoa afetada pelo resultado pode obter uma explicação suficiente para verificá-lo e contestá-lo. Bloqueante quando o desempenho no contexto é desconhecido ou o resultado não pode ser explicado à pessoa que ele afeta. A observação de casos encerrados ou sintéticos, sem efeito externo, pode ser autorizada para obter essas evidências; isso não é delegação.

Distribuição — Suficiente quando a conta mostra quem ganha e quem paga em tempo, trabalho, risco e poder, incluindo os excluídos ou mal representados, e o custo da governança é contabilizado. Bloqueante quando o ganho fica com a organização e o risco é transferido para os menos protegidos, sem compensação e sem possibilidade de se opor.

Dano — Suficiente quando as falhas plausíveis são listadas com gravidade, extensão, reversibilidade e tempo até o dano, e o alerta, a interrupção e a contenção antecedem o dano. Bloqueante quando o sistema age mais rapidamente do que as pessoas conseguem compreendê-lo ou detê-lo, ou quando uma falha plausível não poderia ser contida dentro do perímetro autorizado antes de se tornar irreversível para a pessoa afetada.

Recurso — Suficiente quando a pessoa é informada de que um sistema esteve envolvido e do que aconteceu, obtém as razões, chega dentro de um prazo declarado a um revisor competente com autoridade para modificar o resultado, e as correções alcançam os dados ou o procedimento a montante. Bloqueante quando a revisão é automatizada, apenas repete o resultado ou não tem autoridade para modificá-lo.

Saída — Suficiente quando é possível interromper, voltar atrás, mudar de fornecedor ou escolher uma alternativa, quando há portabilidade e interoperabilidade e o plano de saída é testado segundo um calendário. Bloqueante quando recusar implica perder trabalho, cuidados de saúde, educação ou um serviço essencial sem uma alternativa proporcional.

Não resolvida abrange tudo o que fica entre as duas: a resposta existe, mas falta uma parte, e essa parte tem uma pessoa responsável e um prazo.

A regra de decisão

Estado da resposta	Antes do uso	Durante o uso
Qualquer resposta Bloqueante	Não delegar	Interromper
Nenhuma Bloqueante, ao menos uma Não resolvida	Limitar e testar, com efeitos reversíveis e com uma pessoa responsável, evidências, um prazo e um mecanismo de interrupção já definidos por escrito.	Limitar e testar, com efeitos reversíveis e com uma pessoa responsável, evidências, um prazo e um mecanismo de interrupção já definidos por escrito.
Todas Suficientes	Prosseguir permitido, com condições e uma data de reexame; uma decisão fundamentada de Não delegar continua disponível	Prosseguir permitido, mantendo a data de reexame

Quando estão em jogo saúde, liberdade, renda, educação, identidade, serviços essenciais ou segurança, uma resposta Não resolvida em Mandato, Dano, Recurso ou Saída conta como Bloqueante.

A ficha mínima

Sistema: nome: ______________________________
fornecedor: ______________________________
versão: ______________________________
data da avaliação: ______________________________
perímetro de uso: ______________________________
Modalidade solicitada: (as modalidades podem ser combinadas por tarefa)
☐ Auxilia ☐ Propõe ☐ Decide ☐ Executa
pessoa responsável: ______________________________
procedimento de escalonamento: ______________________________

Finalidade · Evidências e condições: ______________________________
____
____
estado: ☐ Suficiente ☐ Não resolvida ☐ Bloqueante
Não resolvida: pessoa responsável / verificação / prazo: ______________
Bloqueante: medida de reparação / condição a mudar / reexame: ______________

Mandato · Evidências e condições: ______________________________
____
____
estado: ☐ Suficiente ☐ Não resolvida ☐ Bloqueante
Não resolvida: pessoa responsável / verificação / prazo: ______________
Bloqueante: medida de reparação / condição a mudar / reexame: ______________

Evidência · Evidências e condições: ______________________________
____
____
estado: ☐ Suficiente ☐ Não resolvida ☐ Bloqueante
Não resolvida: pessoa responsável / verificação / prazo: ______________
Bloqueante: medida de reparação / condição a mudar / reexame: ______________

Distribuição · Evidências e condições: ______________________________
____
____
estado: ☐ Suficiente ☐ Não resolvida ☐ Bloqueante
Não resolvida: pessoa responsável / verificação / prazo: ______________
Bloqueante: medida de reparação / condição a mudar / reexame: ______________

Dano · Evidências e condições: ______________________________

____

____

estado: ☐ Suficiente ☐ Não resolvida ☐ Bloqueante
Não resolvida: pessoa responsável / verificação / prazo: ______________
Bloqueante: medida de reparação / condição a mudar / reexame: ______________

Recurso · Evidências e condições: ______________________________

____

____

estado: ☐ Suficiente ☐ Não resolvida ☐ Bloqueante
Não resolvida: pessoa responsável / verificação / prazo: ______________
Bloqueante: medida de reparação / condição a mudar / reexame: ______________

Saída · Evidências e condições: ______________________________

____

____

estado: ☐ Suficiente ☐ Não resolvida ☐ Bloqueante
Não resolvida: pessoa responsável / verificação / prazo: ______________
Bloqueante: medida de reparação / condição a mudar / reexame: ______________
Custo da não adoção: quem espera: ______________
por quanto tempo: ______________
com qual dano: ______________
estado: ☐ S ☐ NR ☐ B
Esse estado qualifica a estimativa e subsidia Finalidade, Distribuição e Dano; não é uma oitava pergunta.
Tempo até o dano (estimativa): ______________
Tempo de intervenção (medido): ______________
☐ o tempo de intervenção é menor que o tempo até o dano ☐ não medido
Decisão:
☐ Prosseguir ☐ Limitar e testar ☐ Não delegar ☐ Interromper
condições e mecanismo de interrupção: ______________

____

____

data de reexame: ______________
Ciclo de vida: ☐ registro mantido ☐ horas de supervisão protegidas
☐ saída testada em: ______________
Custo da troca (tempo, dinheiro): ______________
Teste de portabilidade realizado em: ______________
Parcela da tarefa ainda realizada manualmente: ______________

Caderno operacional completo, protocolo de teste e registro do caso:
www.corneritaliano.com/pt-br/2050/recursos

Exemplo sintético:
Davide, 15 de outubro de 2050, e acompanhamento

Finalidade — Reduzir o acúmulo e o tempo de preparação sem aumentar exceções ignoradas, correções tardias ou compromissos não compreendidos.

Mandato — No modo Propõe, o sistema compara precedentes e sinaliza desvios, depois formula alternativas. Não envia nem assina. Preços, pessoal e compromissos contratuais permanecem excluídos.

Evidência — Ao longo de noventa dias, primeiro no modo sombra e depois no modo Propõe, o sistema forneceu precedentes úteis. Houve um erro plausível no caso decisivo, e o benefício foi modesto e irregular.

Condição Bloqueante — Configurações e permissões não podiam ser reconstruídas fora do serviço. O piloto só começou depois que o teste de saída foi bem-sucedido.

Decisão — Não delegar, 15 de outubro de 2050.

Custo — Propostas na fila, horas não faturáveis, margem menor e um cliente perdido; em troca, cláusulas aprovadas e horas protegidas para reconstruir os casos.

Revisão — 15 de abril de 2051: novo teste no modo sombra em casos encerrados, separado da aquisição e ainda revogável.

Glossário essencial

Esta seleção preserva os termos que sustentam o método e as propostas originais do livro. As definições esclarecem o sentido em que as palavras são empregadas nestas páginas; não substituem padrões, normas ou manuais especializados. O glossário completo está disponível nos Recursos online.

Inteligência artificial (IA) — Conjunto de técnicas que permitem a um sistema realizar tarefas associadas a capacidades humanas, como reconhecer, prever, traduzir, recomendar ou gerar. Um desempenho convincente, por si só, não demonstra consciência nem comprova que o sistema tenha experiência ou compreensão.

Intervalo não mensurado — Espaço temporário em que uma pessoa pode hesitar ou contradizer-se e mudar sem que cada variação produza de imediato um perfil operacional. Esse espaço é compatível com a presença de tecnologia, embora não ofereça garantia de liberdade. Uma coleta contínua exige um dano definido e uma finalidade proporcional, além de uma data de término verificável.

Credencial verificável — Atestação composta por atributos pertinentes, emitida por um emissor responsável e protegida para que um verificador possa conferir sua proveniência e integridade. A verificação técnica não torna verdadeiro um fato falso: importam a qualidade do emissor, os procedimentos, o estado da credencial e a possibilidade de corrigi-la ou revogá-la.

Divulgação seletiva — Apresentação apenas dos atributos necessários contidos em uma credencial, mantendo ocultos os demais. Reduz a divulgação excessiva de informações, mas, por si só, não garante anonimato nem impede que interações distintas sejam vinculadas.

Minimização da prova — Proposta de concepção apresentada pelo livro: demonstrar apenas o que é necessário para uma decisão, sem entregar toda a biografia da pessoa. Estende a lógica da proporcionalidade ao desenho das verificações digitais. Ver também: Credencial verificável; Divulgação seletiva; Teste 2050.

Fadiga epistêmica — Condição em que o custo de reconstruir uma conclusão cresce a ponto de levar uma pessoa a suspender um juízo passível de revisão ou a desistir de participar. Não se confunde com credulidade nem desinteresse: também depende das interfaces, do acesso às fontes, do tempo e da capacidade das instituições de tornar a verificação praticável.

Gêmeo operacional — Agente de software proposto neste livro, vinculado a um titular do mandato e a um Mandato observável. Opera nas modalidades Auxilia, Propõe, Decide ou Executa somente dentro dos limites declarados de tarefas, dados, duração, limiares e autoridade para interromper. Como gêmeo tutor, torna visíveis os passos do trabalho e eventuais erros, além das alternativas possíveis, para que a competência cresça e a necessidade de ajuda possa diminuir. Capacidade e confiabilidade permanecem distintas entre si e da autoridade.

Teste 2050 — Método de decisão não compensatório proposto pelo livro. Organiza, nesta ordem, Finalidade / Mandato / Evidência / Distribuição / Dano / Recurso / Saída. Cada resposta recebe um estado da resposta — Suficiente / Não resolvida / Bloqueante — e conduz a uma decisão organizacional — Prosseguir / Limitar e testar / Não delegar / Interromper. Não atribui pontuação nem certifica um produto. Uma condição Bloqueante não é compensada pelos demais benefícios.

Mandato operacional — Perímetro escrito que vincula um titular a uma modalidade — Auxilia / Propõe / Decide / Executa — e especifica tarefas, dados, pessoas afetadas, locais, duração, volume, registros, limiares, ações proibidas e autoridade para interromper. Se mudarem o modelo, os dados, o fornecedor, a escala, a tarefa ou os responsáveis, o Mandato deve ser restringido ou reexaminado. A capacidade técnica, por si só, não define esse perímetro.

Arquivo autêntico, memorial, simulação post mortem e personificação enganosa — O arquivo conserva registros originais. O memorial os organiza sem falar como a pessoa falecida. A simulação generativa produz novas respostas ou representações a partir dos dados, enquanto a personificação enganosa faz parecer que elas vieram da pessoa real. A propriedade dos arquivos não equivale a um Mandato para gerar uma voz em primeira pessoa. O parentesco ou o pagamento tampouco.

Compreensibilidade verificada — Capacidade de uma pessoa ou de um órgão independente de reconstruir por que um sistema produziu determinado resultado, testar esse sistema em um caso comum e em um caso-limite e usar essa verificação antes que a consequência ocorra. Uma explicação genérica ou um dossiê formalmente completo não comprova essa capacidade. Se essa verificação não puder ser usada para mudar ou impedir o resultado, o Mandato deve ser restringido.

Opacidade estrutural — Forma de opacidade que surge quando muitos componentes, atualizações, agentes e organizações se combinam de tal maneira que nenhum ator dispõe do quadro completo a tempo de controlar o resultado. Abrir o código pode ajudar sem resolver o problema. Ver também: Compreensibilidade verificada; Tempo até o dano e janela de controle; Orçamento de supervisão.

Capacidade, confiabilidade e autoridade — Três perguntas distintas: o que um sistema é capaz de fazer, com que regularidade o faz nas condições reais e o que lhe é permitido fazer em nome de alguém. Capacidade e confiabilidade, por si sós, não criam autoridade nem impõem a adoção ou a delegação integral.

Supervisão humana — Só é efetiva quando uma pessoa identificável dispõe de evidência legível, tempo, competência e autoridade para modificar ou interromper a ação. O encaminhamento deve ficar registrado, com as razões e o reexame posterior. A presença ou a assinatura formal de um operador não basta.

Recurso efetivo — Possibilidade concreta de receber uma notificação compreensível e identificar e corrigir os elementos pertinentes. A pessoa deve ter acesso, sem obstáculos, a um setor capaz de suspender o efeito e reabrir o caso. Esse setor deve comunicar um resultado fundamentado em prazo compatível com o dano.

Dano residual e dossiê operacional — Uma aplicação honesta do Teste não promete dano zero. O dossiê mantém seu valor quando distingue as fontes originais das anotações humanas e das sínteses geradas. Deve reconhecer o que não pode ser reconstruído e relacionar as evidências às medidas de reparação e às restrições. Sua finalidade é apoiar o aprendizado e a correção. Um dossiê não pode comprovar que o controle é perfeito.

Tempo até o dano e janela de controle — O tempo até o dano separa o erro da consequência. A janela de controle é o tempo realmente disponível para reconhecer um erro, reconstruir o que aconteceu e intervir. A supervisão só é efetiva se as operações necessárias couberem nessa janela. Caso contrário, torna-se nominal.

Orçamento de supervisão — Relação entre o volume e a velocidade das decisões que precisam ser controladas e os recursos humanos disponíveis para acompanhá-las com atenção. Quando a carga supera de forma persistente a capacidade de verificação, a intervenção humana se torna uma assinatura tardia. Ver também: Supervisão humana; Compreensibilidade verificada; Modo degradado.

Continuidade, modo degradado e competência residual — A continuidade preserva uma função essencial, registrando também os custos transferidos a usuários e à equipe. O modo degradado oferece um serviço deliberadamente mais restrito, com limites declarados, durante uma interrupção. A competência residual é o conhecimento e a autoridade locais necessários para ativar esse modo e administrar exceções. Também permite à equipe conciliar o trabalho quando o sistema volta a operar.

Teste de saída — Verificação prática, realizada antes da adoção e repetida periodicamente, de que dados, registros, configurações e permissões possam ser exportados, reconstruídos, usados no modo degradado e reintegrados à operação sem o fornecedor principal. A organização deve conseguir retomar o trabalho registrando as perdas e, depois, voltar a operar sem dependência oculta. Uma cláusula de portabilidade, por si só, não comprova essa capacidade.

Proveniência do conteúdo — Informações verificáveis sobre aquisição, origem, transformações e aprovações de um conteúdo. Esses registros distribuem responsabilidades e ajudam a reconstruir uma história técnica. Por si sós, não certificam sinceridade nem estabelecem o contexto ou a verdade do conteúdo. Metadados incompletos não tornam automaticamente falso um documento.

Licença viva — Proposta do livro para o uso de uma voz, imagem ou obra em sistemas generativos: consentimento delimitado por finalidade e duração, rastreabilidade dos usos, compensação quando aplicável, possibilidade de revogação e tratamento das obras derivadas. Não descreve uma licença uniforme já reconhecida pelo direito vigente. Ver também: Proveniência do conteúdo; Mandato operacional; Teste 2050.

Recursos online

O site da Corner Italiano reúne as versões ampliadas e atualizáveis dos instrumentos apresentados no livro: a ficha preenchível do Teste 2050; o protocolo avançado de teste com dois sistemas; o registro completo do caso de Davide e da reabertura desse caso; o glossário completo; a cronologia essencial; o mapa dos temas; os links para as fontes documentais. Consulte ou baixe os materiais no endereço:

https://www.corneritaliano.com/pt-br/2050/recursos/

Para citar ou verificar esta edição, use a versão arquivada correspondente ao livro. As versões posteriores são indicadas separadamente; assim, as atualizações não apagam o conteúdo original.

Notas finais

Estas notas vinculam passagens factuais a fontes identificáveis e, quando disponíveis, a páginas, seções ou dispositivos legais específicos. Os números sobrescritos nos capítulos levam à nota correspondente; um número repetido remete à mesma nota. Nomes de autores, títulos abreviados e datas identificam as entradas da Bibliografia documental. Uma nota sustenta a afirmação à qual está vinculada, não todas as observações que a cercam. As cenas ficcionais e os limiares propostos pelo autor permanecem distintos dos resultados empíricos e do direito vigente.

Capítulo 1

1. Turing (1950), seções 1–2, apresenta e examina o jogo da imitação. A proposta de McCarthy et al. (2006), 12, datada de 31 de agosto de 1955 e republicada na AI Magazine em 2006, propõe um estudo no verão de 1956 e enuncia sua conjectura sobre descrever a inteligência com precisão suficiente para simulá-la. A interpretação desses episódios no texto é do autor.
2. Weizenbaum (1966), 36–37, descreve as transformações de ELIZA baseadas em palavras-chave e apresenta um exemplo de conversa; as páginas 42–43 discutem seu roteiro de psicoterapeuta e a interpretação do participante humano. Trata-se de evidência sobre o programa histórico, não de uma afirmação de que os modelos de linguagem contemporâneos usam o mecanismo de ELIZA.
3. Para uma história institucional específica, ver Howe (2007), «History of AI at Edinburgh», sobre o relatório Lighthill de 1973, as consequências para o financiamento e o posterior programa Alvey, e «Nature of AI», sobre sistemas de conhecimento especializado. McDermott et al. (1985), 122 e 124–126, documentam a preocupação contemporânea com expectativas, financiamento e um possível «inverno da IA». Esses relatos dizem respeito a episódios diferentes; nenhum deles sustenta uma explicação de causa única para todos os períodos de retração da IA.
4. Para o contexto histórico dos modelos de aprendizagem, ver Rosenblatt (1958); Minsky e Papert (1987), publicado originalmente em 1969; e

Rumelhart, Hinton e Williams (1986). Essas referências dizem respeito a contribuições diferentes para a pesquisa em redes neurais, não a uma explicação causal conjunta dos invernos da IA.

5. Krizhevsky, Sutskever e Hinton (2012), seções 1, 3 e 6, apresentam a arquitetura da rede convolucional, a implementação em GPU e os resultados no ImageNet. Vaswani et al. (2017), seções 3–4, descrevem a arquitetura do Transformer baseada em atenção e comparam suas propriedades computacionais e de treinamento com as de alternativas recorrentes e convolucionais. São resultados específicos de determinadas tarefas, não evidência de compreensão geral.
6. OpenAI (2022) identifica o lançamento como uma prévia de pesquisa. Sua seção «Methods» descreve o ajuste fino supervisionado e a aprendizagem por reforço com feedback humano; «Limitations» reconhece respostas plausíveis, mas incorretas, e sensibilidade à formulação das entradas. Trata-se do relato do desenvolvedor sobre aquele lançamento, não de uma avaliação independente de todos os modelos de linguagem.
7. Turpin et al. (2023), seções 2–4, testam GPT-3.5 e Claude 1.0 com prompts especificados que induzem vieses. Seus experimentos mostram que explicações por cadeia de raciocínio podem omitir fatores que influenciaram a resposta. Isso sustenta a necessidade de conferir explicações com evidências externas; não estabelece que toda explicação, ou todo modelo posterior, seja infiel.

Capítulo 2

8. W3C (2025c), seções 1.1–1.2 e 5.1, explica os papéis e a confiança. W3C (2025b), seções 2.1–2.2 e 4.4, e W3C (2025a), seções 3–5, especificam mecanismos alternativos de prova. OpenID Foundation (2025a) e OpenID Foundation (2025b), ambos na seção 3, descrevem os fluxos de emissão e apresentação. Uma verificação criptográfica válida não estabelece, por si só, verdade, autoridade legítima ou equidade.
9. Temoshok et al. (2025), seção «Digital Identity Model», distinguem comprovação de identidade, autenticação e federação. O modelo não federado identifica a autorização como uma decisão posterior da parte que confia na identidade apresentada. A terminologia é usada aqui para

dar clareza conceitual, não para sugerir que essas diretrizes sejam universalmente vinculantes.

10. W3C (2025c), seção 4.10, descreve o estado da credencial. Publicar um estado de revogação é diferente de notificar automaticamente todos os que antes confiaram em uma credencial.
11. W3C (2025c), seções 5.7 e 8.4–8.9, trata de provas derivadas, riscos de correlação, alegações abstratas e minimização de dados. O suporte a esses recursos depende do formato da credencial e do mecanismo de prova.
12. Yaga et al. (2018), seções 3.5–3.7, descrevem os registros e a estrutura do blockchain. A seção 7.1, 34–35, faz ressalvas às alegações de imutabilidade; a seção 7.3, 36, explica que um registro não pode determinar, por si só, se os dados fornecidos por sensores ou pessoas correspondem a eventos reais. A escolha de governança e arquitetura aqui proposta é do autor.
13. Minimização de dados, divulgação seletiva e identidade digital europeia. O artigo 5(1)(c) do GDPR exige que os dados sejam adequados, pertinentes e limitados ao necessário; o regulamento europeu sobre identidade digital disciplina carteiras voluntárias e a divulgação seletiva. O European Digital Identity Framework estabelece a base para as carteiras nacionais e sua implementação por etapas. O Architecture and Reference Framework oficial chegou à versão 3.0.0 em 23 de julho de 2026, antes do fechamento editorial deste livro, e é acompanhado de atos de execução, especificações e implementações de referência. Para a distinção jurídica entre controle pelo usuário, divulgação seletiva e implementação, ver Regulation (EU) 2024/1183, considerandos 3 e 14–15 e os dispositivos que inserem o artigo 5a no Regulation (EU) No 910/2014. Referências principais: Regulation (EU) 2016/679 (GDPR); Regulation (EU) 2024/1183 sobre identidade digital europeia; European Commission (2026b); Temoshok et al. (2025).

Capítulo 3

14. A CMA do Reino Unido documenta barreiras técnicas à troca de fornecedor de nuvem, incluindo a adaptação de aplicativos e a transferência de competências, em CMA (2025), parágrafos 23–28. Essa evidência informa a discussão sobre dependência. A prova de Sofia

e os testes institucionais de saída propostos são um cenário ilustrativo e recomendações do autor.

15. Para as práticas de segurança subjacentes a esta discussão, ver ENISA (2025), versão 1.2, seções 10.3–10.8, 61–62, e ENISA (2026), 11–12. Os exemplos ilustram princípios de governança, sem estabelecer um padrão uniforme de conformidade.

16. Sobre riscos de rotas compartilhadas, pontos de chegada separados, testes e capacidade de reserva, ver ITU e ICPC (2026), Working Group 2, Recommendation 11 e seção 11.1, 89–91. A redundância reduz riscos específicos de falha; não garante serviço ininterrupto diante de todo e qualquer evento.

Primeiro interlúdio

17. As sete perguntas e os limiares de decisão do Teste 2050 constituem o quadro deliberativo proposto pelo autor. Para uma abordagem estabelecida de gestão de riscos ao longo do ciclo de vida da IA, ver NIST (2023a), seção 5, 20–33, que organiza as atividades sob Govern, Map, Measure e Manage. Essa comparação contextual não estabelece a validade do Teste nem implica endosso do NIST. Referências principais: NIST (2023a); International Organization for Standardization and International Electrotechnical Commission (2023), ISO/IEC 42001; Government of Canada (2019), Directive on Automated Decision-Making, com sua Algorithmic Impact Assessment; AI Act, art. 14.

Capítulo 4

18. Para a análise da automação baseada em tarefas e a distinção entre substituição e complementaridade, ver Autor (2015), 3–30. A análise histórica de Autor oferece um quadro para examinar mudanças dentro das ocupações; as situações deste capítulo ambientadas em 2050 são cenários, não previsões estabelecidas por esse estudo.

19. Os efeitos da assistência não precisam seguir uma única direção. Brynjolfsson, Li e Raymond (2025), seção I, relatam ganhos de produtividade e evidências de aprendizagem entre atendentes de suporte ao cliente em uma empresa, com benefícios maiores para os trabalhadores menos experientes e menos qualificados. O estudo não estabelece efeitos sobre salários ou emprego no conjunto da economia.

Os riscos distributivos e as responsabilidades aqui discutidos devem, portanto, ser lidos como dependentes do contexto.

20. Decisões automatizadas e transformação do trabalho. O artigo 22 do GDPR diz respeito a decisões tomadas exclusivamente com base no tratamento automatizado que produzam efeitos jurídicos ou efeitos de importância semelhante. Em 30 de julho de 2026, as regras originais sobre práticas proibidas, as obrigações de alfabetização em IA e as regras sobre os modelos de IA de finalidade geral são aplicáveis, observados seus âmbitos e suas disposições transitórias. A alteração de julho de 2026 reformula o artigo 4 como uma obrigação de apoiar o desenvolvimento da alfabetização em IA, sem garantir um nível especificado para cada indivíduo. Para os modelos GPAI, as obrigações do artigo 53 são aplicáveis desde 2 de agosto de 2025; o código final de 10 de julho de 2025 é a versão vigente e, segundo o calendário indicado pela Comissão, os poderes de fiscalização da Comissão serão aplicáveis a partir de 2 de agosto de 2026; os fornecedores de modelos colocados no mercado antes de 2 de agosto de 2025 têm até 2 de agosto de 2027 para entrar em conformidade. A diretiva relativa ao trabalho em plataformas deve ser transposta até 2 de dezembro de 2026, prazo que ainda não havia expirado no momento da redação. O índice da ILO de 2025 mede a exposição ocupacional e indica como resultado mais provável a transformação das funções; não é uma previsão de postos de trabalho eliminados. O limiar adotado neste livro é deliberadamente mais amplo. Localizadores jurídicos: GDPR, art. 22(1)–(4); SCHUFA, parágrafos 43–55 e 60–73; AI Act, art. 4, art. 53, art. 111(3) e art. 113; Regulation (EU) 2026/1744, art. 1(5) e (40); Platform Work Directive, art. 29(1). Referências principais: Regulation (EU) 2024/1689 (AI Act); European Commission (n.d.-c); European Commission (2025); Regulation (EU) 2016/679 (GDPR); Article 29 Working Party (2018) (endossado pelo EDPB); SCHUFA, processo C-634/21; Directive (EU) 2024/2831 sobre trabalho em plataformas; Gmyrek et al. (2025).

Capítulo 5

21. Biometria urbana e educação. O direito da UE proíbe ou limita determinados usos biométricos, sobretudo nas atividades de aplicação da lei, mas não estabelece uma proibição uniforme de toda forma de reconhecimento facial urbano. A formulação do capítulo 5 é um limiar de política pública proposto pelo autor. Para as proibições e exceções

pertinentes, ver AI Act, art. 5(1)(e)–(h) e 5(2)–(7), e EDPB (2023), versão 2.0, seção 3, 13–28. No campo da educação, a UNESCO recomenda uma governança centrada no ser humano, proteção de dados, validação pedagógica e abordagens adequadas à idade; as instituições futuras do capítulo 6 são cenários, não previsões. Referências principais: Regulation (EU) 2024/1689 (AI Act); European Commission (n.d.-a); EDPB (2023); Miao e Holmes (2023).

Capítulo 6

22. Sobre a diferença entre desempenho assistido e aprendizagem, ver Bastani et al. (2025), «Main Results», tabela 1, e «Discussion». Em um ensaio randomizado de matemática em uma escola de ensino médio da Turquia, uma ferramenta baseada em GPT sem restrições melhorou o desempenho durante a prática, mas reduziu o desempenho posterior sem assistência. O tutor baseado em dicas não apresentou a mesma redução do desempenho posterior sem assistência neste experimento. Os resultados dizem respeito a um contexto e a um desenho de ferramenta específicos, não a todo uso educacional da IA.

Capítulo 7

23. Para o contexto dos fatores humanos relacionados à dependência excessiva, às falhas de monitoramento, à carga de trabalho e ao uso indevido da automação pelas organizações, ver Parasuraman e Riley (1997), 230–253. O orçamento de supervisão desenvolvido aqui é a maneira proposta pelo autor para estruturar essas preocupações, não um instrumento de medição validado fornecido por esse artigo.

24. Para uma análise estabelecida das diferentes fontes de opacidade algorítmica, ver Burrell (2016). Burrell distingue o segredo, a alfabetização técnica e as características e a escala da aprendizagem de máquina. As distinções entre opacidade contratual, do modelo e estrutural usadas neste capítulo não são idênticas à sua taxonomia.

Capítulo 8

25. IA na saúde e na saúde mental. O AI Act e os regulamentos sobre dispositivos médicos e sobre dispositivos médicos para diagnóstico in vitro interagem de acordo com a função, a finalidade de uso e a classificação. Segundo MDCG (2025), MDCG 2019-11 rev.1, seção 1, 4, a qualificação do software depende da finalidade de uso declarada, e

não do fato de ele operar em um dispositivo, na nuvem ou em outra plataforma. A orientação conjunta de AIB e MDCG (2025), AIB 2025-1/MDCG 2025-6, pergunta 4, 6, esclarece ainda que a classificação como alto risco nos termos do AI Act não altera, por si só, a classe MDR ou IVDR do software. Esses documentos de orientação não criam, por si mesmos, direito vinculante; as definições legais e as regras de classificação estão no MDR, art. 2(1) e (12) e anexo VIII, regra 11, no IVDR, art. 2(2) e (12) e anexo VIII, e no AI Act, art. 6. A responsabilidade clínica também depende do direito profissional nacional; a não delegabilidade proposta neste livro não é apresentada como uma regra uniforme em vigor. A WHO pede a avaliação de riscos e benefícios, qualidade dos dados, transparência, monitoramento e responsabilidade ao longo de todo o ciclo de vida. WHO (2023) é uma visão geral, expressamente não uma orientação, um quadro regulatório ou uma política. WHO (2024) discute aplicações para pacientes e seus riscos na seção 2.2, 12–15, rejeita a presunção de segurança ou eficácia na seção 5.2, 46–47, e aborda as responsabilidades após a implantação nas seções 6.2–6.3, 54–55. O relatório de 2026 sobre a preparação da UE e o documento de discussão sobre políticas informadas por evidências tratam de sistemas e governança, não de eficácia terapêutica. A orientação institucional, portanto, não pode substituir as evidências de resultados de uma intervenção específica. Referências principais: Regulation (EU) 2024/1689 (AI Act); Regulation (EU) 2017/745 sobre dispositivos médicos; Regulation (EU) 2017/746 sobre dispositivos médicos para diagnóstico in vitro; MDCG (2025); AIB e MDCG (2025); WHO (2021); WHO (2023); WHO (2024); WHO Regional Office for Europe (2026); WHO (2026).

26. As evidências sobre autoajuda conversacional são específicas de cada sistema. Fitzpatrick, Darcy e Vierhile (2017), «Methods» («Woebot»), «Results» e «Discussion» («Limitations»), testaram um chatbot estruturado em 70 adultos de 18–28 anos, durante duas semanas, em comparação com um ebook informativo. Os sintomas de depressão melhoraram em relação ao grupo de controle; a ansiedade melhorou nos dois grupos entre os participantes que concluíram o estudo. O estudo não teve acompanhamento posterior e envolveu um sistema de árvore de decisão, não um companheiro generativo de conversação aberta. Um dos autores fundou a empresa desenvolvedora, interesse

financeiro que foi declarado. Os resultados não validam a detecção autônoma de crises.

Capítulo 9

27. C2PA (n.d.), versão 2.2, seções 2 e 7.1.1, distingue proveniência verificável de julgamentos sobre a veracidade do conteúdo. As credenciais podem apoiar a verificação da origem e das alterações registradas; não estabelecem a verdade daquilo que uma imagem ou declaração representa. Sua ausência tampouco prova, por si só, uma falsificação.
28. Conteúdos sintéticos. A partir de 2 de agosto de 2026, o artigo 50(1), (2), (4) e (5) do AI Act imporá obrigações de transparência para determinadas interações e categorias de conteúdo sintético ou deepfakes, observadas as exceções e transições ali previstas; ver European Commission (n.d.-b). Os fornecedores de sistemas que geram conteúdo sintético de áudio, imagem, vídeo ou texto e foram colocados no mercado antes dessa data devem tomar as medidas necessárias para cumprir o artigo 50(2) até 2 de dezembro de 2026, nos termos do AI Act, art. 111(4), inserido pelo Regulation (EU) 2026/1744, art. 1(39)(b). O código final da UE de 10 de junho de 2026, European Commission (2026a), é voluntário e orienta a marcação e a rotulagem. O parecer da Comissão de 8 de julho de 2026 e a avaliação do AI Board de 9 de julho consideram que o código é um instrumento adequado para favorecer a conformidade, mas a adesão, por si só, não comprova o cumprimento do artigo 50. Nem a marcação nem a proveniência equivalem à verdade ou criam um procedimento universal de contestação de conteúdos. Chesney e Citron (2019), seção II.B.2.i, 1785–1786, «The Liar's Dividend: Beware the Cry of Deep-Fake News». O termo descreve a vantagem obtida quando a possibilidade de fabricar evidências torna mais fácil descartar evidências autênticas.
29. Brady et al. (2017), 7313–7318, associam a linguagem moral e emocional a uma maior difusão de mensagens políticas, sobretudo dentro de grupos ideológicos. Esse resultado observacional sustenta a preocupação com a circulação de conteúdos carregados de emoção; não estabelece que toda plataforma recompense a raiva nem que um algoritmo específico de classificação tenha causado o efeito observado.

Capítulo 10

30. Direito autoral e treinamento. A Diretiva DSM distingue a exceção para pesquisa científica do artigo 3 da exceção mais ampla para mineração de textos e dados do artigo 4, sujeita a uma reserva apropriada de direitos nos termos do artigo 4(3); desde 2 de agosto de 2025, o AI Act, art. 53(1)(c) e (d), impõe aos fornecedores de modelos de IA de finalidade geral obrigações que incluem uma política de conformidade com o direito autoral da União e um resumo suficientemente detalhado dos conteúdos usados para treinar o modelo, observada a transição do artigo 111(3) para os modelos colocados no mercado antes de 2 de agosto de 2025. Licenças, consentimento, exceções e litígios permanecem variáveis, e o estilo não é tratado como um direito de propriedade uniforme. Referências principais: Regulation (EU) 2024/1689 (AI Act); AI Act, art. 53; Directive (EU) 2019/790 (DSM Directive).

31. Doshi e Hauser (2024), «Results», «Similarity of stories» e «Discussion». Em um experimento randomizado com contos, ideias geradas por IA melhoraram as avaliações de histórias individuais e, ao mesmo tempo, aumentaram a semelhança entre elas. O resultado ilustra uma tensão entre assistência individual e diversidade coletiva nas condições desse desenho experimental; não é uma previsão de que todo trabalho criativo se tornará homogêneo.

Capítulo 11

32. Menores, solidão e companheiros artificiais. O AI Act, art. 5(1)(a) e (b), trata de formas especificadas de manipulação prejudicial e exploração de vulnerabilidades, inclusive as relacionadas à idade. O Digital Services Act, art. 28, trata da privacidade, da segurança, da proteção e da publicidade baseada em perfilamento para menores nas plataformas online abrangidas. Esses dispositivos não estabelecem uma regra única que abranja toda forma de intimidade simulada. WHO (2025b), seções «Introduction» e «Mental health determinants», oferece contexto sobre vulnerabilidade; o relatório de sua Commission on Social Connection, WHO (2025a), trata a solidão e o isolamento como problemas de saúde pública. UNICEF Innocenti (2025), 19–20, discute salvaguardas e encaminhamentos específicos para companheiros artificiais. UNICEF (2026), seções 1–2, 3–4, e seção 4, 11–12, identifica riscos e lacunas regulatórias e pede mais pesquisas

sobre benefícios e danos. Trata-se de uma análise de políticas públicas, não de um estudo clínico. A investigação da FTC (2025) nos termos da Section 6(b) demonstra atenção regulatória; por si só, não estabelece efeitos clínicos. Apego, dependência e substituição das relações humanas são discutidos como riscos nas orientações citadas. Não devem ser apresentados como resultados inevitáveis nem como efeitos causais estabelecidos para todo sistema e população. O limite para amor, exclusividade, ciúme e abandono é uma proposta do autor. Referências principais: Regulation (EU) 2024/1689 (AI Act); Regulation (EU) 2022/2065 (Digital Services Act); AI Act, art. 5; WHO (2025b); WHO (2025a); UNICEF Innocenti (2025); UNICEF (2026); FTC (2025).

33. De Freitas et al. (2026) relatam reduções momentâneas da solidão; o resumo publicado descreve um estudo longitudinal de uma semana. Isso constitui evidência de alívio de curto prazo nos contextos estudados, não de tratamento para ansiedade ou luto, nem de substituição duradoura das relações humanas.

Capítulo 12

34. Schwartz et al. (2022), seções 2.1.2, 2.3 e 2.4, discutem fontes sistêmicas, estatísticas e humanas de viés nos sistemas sociotécnicos. O trabalho explica por que a qualidade dos dados, sozinha, não pode resolver todos os problemas e por que a avaliação deve incluir o contexto de uso. O exemplo da classificação neste capítulo é ilustrativo; não é um caso documentado pelo NIST.

35. Perfilamento, contestação, intervenção humana e auditorias de equidade. Informação, retificação, oposição e intervenção humana têm bases jurídicas e âmbitos diferentes nos termos do GDPR, art. 13–16, art. 21 e art. 22; o capítulo os reúne explicitamente em um limiar civil proposto. O Regulation (EU) 2026/1744, art. 1(6) e 1(9)(b), inseriu o artigo 4a e suprimiu o artigo 10(5) do AI Act. O artigo 4a autoriza, em caráter excepcional e na medida estritamente necessária, o tratamento de categorias especiais de dados pessoais para detectar e corrigir vieses: o parágrafo 1 se aplica aos fornecedores de sistemas de IA de alto risco em relação ao artigo 10(2), alíneas (f) e (g); o parágrafo 2 aplica as mesmas condições e salvaguardas aos fornecedores e responsáveis pela implantação de outros sistemas e modelos de IA e aos responsáveis pela implantação de sistemas de IA de alto risco quando for provável que os

vieses afetem a saúde ou a segurança, afetem negativamente os direitos fundamentais ou levem a discriminação proibida pelo direito da União. O parágrafo 2 não cria a obrigação de realizar essa atividade. Não se trata de uma autorização geral para auditorias de equidade. As salvaguardas estão enumeradas no artigo 4a(1)(a)–(f); a frase que afasta a obrigação pertence especificamente ao artigo 4a(2). Referências principais: Regulation (EU) 2016/679 (GDPR); Article 29 Working Party (2018); SCHUFA, processo C-634/21; Regulation (EU) 2024/1689 (AI Act); Regulation (EU) 2026/1744, art. 1(6) e (9).

Capítulo 13

36. Fronteiras do ciclo de vida. ISO (2006a) e ISO (2006b) distinguem objetivo e escopo, inventário, avaliação dos impactos e interpretação; ver os resumos oficiais de ambas as normas. O capítulo usa essa distinção para perguntar o que uma comparação inclui. Não apresenta o projeto municipal ficcional como uma avaliação concluída do ciclo de vida em conformidade com a ISO. A unidade funcional, o serviço alternativo, a fronteira geográfica e a incerteza precisariam ser especificados antes que tal comparação pudesse ser feita.

37. Eletricidade, continuidade e flexibilidade. IEA (2025a), seção 2.1.2, 51–54, distingue a demanda dos equipamentos da demanda da infraestrutura; as seções 2.5–2.6, 75–108, examinam a contratação de eletricidade, as restrições da rede e a flexibilidade de localização e operação. Shehabi et al. (2024) apresentam estimativas e cenários dos Estados Unidos até 2028. Essas fontes descrevem infraestrutura e projeções condicionais, não os requisitos operacionais do campus ficcional de Elena.

38. Benefícios potenciais para o sistema energético. IEA (2025a), seção 3.4, 122–134, examina aplicações em sistemas e redes elétricas; o quadro 5.4, 242–244, discute aplicações e pressões relacionadas à água. São oportunidades dependentes do contexto. As prioridades do serviço e os benefícios mensurados exigidos no cenário municipal são condições propostas pelo autor, não resultados relativos a uma cidade real.

39. Eficiência e demanda total. IEA (2025a), seção 5.8.3, 251–252, discute os efeitos rebote e a incerteza quanto à sua escala. Um menor uso de recursos por tarefa pode coexistir com um maior consumo total

quando a demanda aumenta. Trata-se de um mecanismo condicional, não de uma afirmação de que toda melhora de eficiência necessariamente aumenta o consumo.

40. Materiais e resíduos eletrônicos. IEA (2025b), seções sobre as perspectivas para os principais minerais e a inovação em mineração, refino e reciclagem, e USGS (2026) oferecem contexto sobre as cadeias produtivas minerais. Baldé et al. (2024), «Executive Summary», 12–19, e capítulos 3, 4, 6 e 8, abordam a curta vida útil dos produtos, as restrições ao reparo, os fluxos transfronteiriços, a recuperação de materiais e os efeitos ambientais. Esses relatórios globais não certificam as condições de trabalho de um fornecedor específico nem quantificam a parcela dos resíduos eletrônicos atribuível à IA. A hierarquia de compras do capítulo é uma recomendação do autor.

41. Água, fronteiras e quantidades do cenário. USGS (2019), verbetes «water withdrawal», «consumptive use», «interbasin transfer» e «return flow», distingue a água retirada de uma fonte da água que se torna indisponível para uso imediato. O USGS não contabiliza as transferências entre bacias como uso consuntivo; a localização dos fluxos de retorno, portanto, permanece uma questão separada. IEA (2025a), quadro 5.4, 242–244, distingue a água usada para resfriamento da água associada à eletricidade e à fabricação. Os números do campus apresentados a seguir, incluindo volumes sazonais de água, carga elétrica e emprego, são parâmetros construídos para o cenário, não observações, referências de mercado ou previsões. ISO (2006a) e ISO (2006b) fornecem contexto metodológico para declarar o escopo e a fronteira de uma comparação; não validam essas quantidades ficcionais.

42. Computação orbital: eventos relatados, propostas e restrições. Starcloud (n.d.), seção «What is Starcloud-1», relata um lançamento em novembro de 2025. Axiom Space (n.d.), seção «Launched the first dedicated data center nodes to low-Earth orbit», relata dois nós lançados em 11 de janeiro de 2026. Ambos são relatos das empresas sobre suas próprias atividades. Beals (2025), seção «Future directions», descreve dois protótipos planejados para o início de 2027, não uma missão concluída. Esses eventos relatados e planos são anteriores ao fechamento do manuscrito em 30 de julho de 2026. O relatório periódico do consórcio ASCEND, European Commission, CORDIS

(2026), hospedado no CORDIS e atualizado em 14 de janeiro de 2026, apresenta resultados sobre viabilidade e pede estudos adicionais. Para as restrições de engenharia, ver Turyshev (2026), versão 1 do preprint, seções IV–IX, e Al Ahmad, Memon e Pecht (2026), seções 3–8. O primeiro desenvolve modelos de competitividade; o segundo analisa confiabilidade e risco ao longo do ciclo de vida, sem fornecer uma avaliação ambiental comparativa do ciclo de vida. Wilson et al. (2023), 1002–1008, apresentam um quadro de avaliação de sustentabilidade ilustrado com um conceito de missão lunar. Murphy et al. (2023), 1 e 4 –5, relatam metais associados a naves espaciais medidos em partículas de aerossóis estratosféricos, deixando incertas as consequências mais amplas. Essas fontes sustentam o exame das restrições transferidas e dos impactos ao longo de todo o ciclo de vida. Não estabelecem a superioridade comercial ou ambiental de um futuro data center orbital, e a proposta da cidade para 2050 permanece ficcional.

Capítulo 14

43. Cadeias produtivas e semicondutores. Sobre especialização e interdependência, ver NIST (2023b), 4–6, e GAO (2022), 3–6 e fig. 1. UNCTAD (2025) fornece um contexto mais amplo de desenvolvimento. A regra final do BIS (2026c) de 15 de janeiro de 2026, seções II–IV e seção 742.6(b)(10)(iii), estabelece uma análise condicional caso a caso para determinados itens de computação avançada exportados dos Estados Unidos para a China ou Macau, não para todos os semicondutores. A regra de abril, BIS (2026a), 17851–17852, publicada em 9 de abril e em vigor desde 7 de abril, prorroga até 31 de dezembro de 2026 o status de Authorized IC Designer nos casos especificados e os prazos para solicitação; ver ECCN 3A090.a, Note 1(a)(2)–(3). BIS (2026b), a orientação de 31 de maio, esclarece controles preexistentes relativos a entidades sediadas no Country Group D:5 ou em Macau. Esses instrumentos tratam de requisitos distintos. A publicação de European Commission (2026c) sobre o Chips Act 2.0, de 3 de junho de 2026, é uma proposta, distinta do European Chips Act existente; ver European Commission (n.d.-d). As descrições regulatórias refletem a situação até o fechamento editorial de 30 de julho de 2026; a aplicabilidade depende da transação e das regras então em vigor.

44. Cabos, nuvem e cibersegurança. CMA (2025), parágrafos 23–28 e 36–40, identifica barreiras à troca de fornecedor e efeitos adversos sobre a concorrência no Reino Unido e recomenda investigações SMS. CMA (2026a), parágrafos 33–37 e 44–47, discute o monitoramento dos compromissos relativos a tarifas de saída e interoperabilidade e medidas adicionais; a investigação SMS sobre o software empresarial da Microsoft, CMA (2026b), começou em 14 de maio. O início de uma investigação não equivale a uma designação. ITU e ICPC (2026), 2, confirmam a aprovação dos relatórios explicativos em 10 de julho; Working Group 2, Recommendation 11 e seção 11.1, 89–91, trata de rotas, pontos de chegada compartilhados, testes e capacidade. ENISA (2025), versão 1.2, abrange julho de 2024–junho de 2025; as seções 6–9 e 10.3–10.8 informam a discussão sobre atores e resiliência. ENISA (2026), 11–15, fornece recomendações adicionais, não um relatório anual substituto. O relatório aprovado do OEWG das Nações Unidas é o anexo I de A/75/816, United Nations General Assembly (2021), em especial os parágrafos 18–19, 24–31 e 41–48. Essas fontes sustentam o contexto atual. As configurações de 2050 do capítulo são cenários condicionais do autor. As descrições de situação adotam o fechamento editorial de 30 de julho de 2026.
45. ENISA (2025), versão 1.2, seções 6–9, distingue cibercriminosos, atores alinhados a Estados e outros agentes de ameaça. United Nations General Assembly (2021), A/75/816, anexo I, o relatório aprovado do OEWG da ONU, parágrafos 18–19, 24–31 e 41–48, trata de infraestrutura civil, comportamento responsável dos Estados e construção de confiança. Esses documentos fornecem contexto para as salvaguardas e os cenários de cooperação propostos pelo autor; o relatório da ONU não estabelece um novo tratado vinculante.
46. Mombasa e o Corredor Norte. NCTTCA (n.d.-a) e NCTTCA (n.d.-b), parágrafos iniciais, descrevem o interior da região servido pelo porto e a rota multimodal que liga Mombasa aos países sem litoral da região dos Grandes Lagos. O contexto geográfico é factual; Asha, sua empresa, a interrupção do serviço e as quantidades operacionais são elementos do cenário de 2050. Não são usadas estatísticas atuais sobre capacidade, distâncias ou tempos de trânsito.

Capítulo 15

47. Hollanek e Nowaczyk-Basińska (2024), seções 3, 4.3, 5.2–5.3 e 6.3, usam cenários de design especulativo para examinar consentimento, transparência e desativação de simulações de pessoas falecidas. Seu trabalho é uma análise ética, não um estudo de resultados clínicos. Recomendam acesso restrito a adultos; a opção de acesso de menores sob supervisão proposta neste livro é uma posição normativa diferente e não é apresentada como clinicamente validada.

48. Dados de pessoas falecidas, luto e vida digital após a morte. O GDPR, considerando 27, declara que o Regulamento não se aplica aos dados pessoais de pessoas falecidas e permite regras nacionais. Na Itália, o artigo 2-terdecies(1)–(5) do Legislative Decree No. 196/2003 (Privacy Code) permite que determinadas pessoas exerçam os direitos do GDPR, art. 15–22, relativos a pessoas falecidas, sujeitos a limitações. A autoridade italiana de proteção de dados reproduz o dispositivo nas notas de sua orientação sobre herança digital. Öhman e Floridi (2018), 318–320, oferecem comentários éticos sobre o tratamento de vestígios digitais de pessoas falecidas. Hollanek e Nowaczyk-Basińska (2024), seções 3, 4.3, 5.2–5.3 e 6.3, usam ficção de design para examinar consentimento, transparência e desativação de simulações de pessoas falecidas. Nenhum dos trabalhos fornece evidências de resultados clínicos para uma pessoa específica em luto. O esquecimento post mortem formulado no livro permanece uma proposta. Referências principais: Regulation (EU) 2016/679 (GDPR); Garante (n.d.), art. 2-terdecies; Öhman e Floridi (2018); Hollanek e Nowaczyk-Basińska (2024).

Bibliografia documental

Esta bibliografia identifica as fontes citadas nas notas, em ordem alfabética por autor. As entradas distinguem artigos de pesquisa, orientações institucionais, padrões técnicos, legislação, propostas, preprints e anúncios de empresas quando essa distinção afeta seu peso como evidência. O volume do periódico, o intervalo de páginas ou número do artigo, a versão e o DOI estável ou a URL oficial são fornecidos quando verificados. As datas de publicação são distinguidas das datas dos acontecimentos e das revisões. Páginas sem data ou sujeitas a mudanças foram verificadas antes do fechamento editorial. As Leituras complementares oferecem perspectivas adicionais, e não evidências para as afirmações, a menos que uma obra também seja citada nas notas.

Al Ahmad, Mahmoud, Qurban Memon, and Michael Pecht. 2026. «Reliability and Risk in Space-Based Data Centers: A Lifecycle Assessment of Orbital Cloud Infrastructure». *Applied Sciences* 16 (11): 5247. https://doi.org/10.3390/app16115247.

Article 29 Data Protection Working Party (Article 29 Working Party). 2018. *Guidelines on Automated Individual Decision-Making and Profiling for the Purposes of Regulation 2016/679*. WP251 rev.01. Endossadas pelo European Data Protection Board em 25 de maio de 2018. https://www.edpb.europa.eu/documents/guideline/automated-decision-making-and-profiling_en.

Artificial Intelligence Board (AIB) and Medical Device Coordination Group (MDCG). 2025. *Interplay between the Medical Devices Regulation, the In Vitro Diagnostic Medical Devices Regulation and the Artificial Intelligence Act*. AIB 2025-1; MDCG 2025-6. https://health.ec.europa.eu/document/download/b78a17d7-e3cd-4943-851d-e02a2f22bbb4_en.

Autor, David H. 2015. «Why Are There Still So Many Jobs? The History and Future of Workplace Automation». *Journal of Economic Perspectives* 29 (3): 3–30. https://doi.org/10.1257/jep.29.3.3.

Axiom Space. n.d. «Orbital Data Centers». https://www.axiomspace.com/orbital-data-center.

Baldé, Cornelis P., Ruediger Kuehr, Tales Yamamoto, Rosie McDonald, Elena D'Angelo, Shahana Althaf, Garam Bel, et al. 2024. *The Global E-Waste Monitor 2024*. 2ª ed. International Telecommunication Union and United Nations Institute for Training and Research. https://ewastemonitor.info/the-global-e-waste-monitor-2024/.

Bastani, Hamsa, Osbert Bastani, Alp Sungu, Haosen Ge, Özge Kabakcı, and Rei Mariman. 2025. «Generative AI without Guardrails Can Harm Learning: Evidence from High School Mathematics». *Proceedings of the National Academy of Sciences* 122 (26): e2422633122. https://doi.org/10.1073/pnas.2422633122.

Beals, Travis. 2025. «Exploring a Space-Based, Scalable AI Infrastructure System Design». 4 de novembro de 2025. Google Research. https://research.google/blog/exploring-a-space-based-scalable-ai-infrastructure-system-design/.

Brady, William J., Julian A. Wills, John T. Jost, Joshua A. Tucker, and Jay J. Van Bavel. 2017. «Emotion Shapes the Diffusion of Moralized Content in Social Networks». *Proceedings of the National Academy of Sciences* 114 (28): 7313–7318. https://doi.org/10.1073/pnas.1618923114.

Brynjolfsson, Erik, Danielle Li, and Lindsey Raymond. 2025. «Generative AI at Work». *Quarterly Journal of Economics* 140 (2): 889–942. https://doi.org/10.1093/qje/qjae044.

Burrell, Jenna. 2016. «How the Machine 'Thinks': Understanding Opacity in Machine Learning Algorithms». *Big Data & Society* 3 (1). https://doi.org/10.1177/2053951715622512.

Chesney, Bobby, and Danielle Citron. 2019. «Deep Fakes: A Looming Challenge for Privacy, Democracy, and National Security». *California Law Review* 107 (6): 1753–1819. https://doi.org/10.15779/Z38RV0D15J.

Coalition for Content Provenance and Authenticity (C2PA). n.d. *C2PA and Content Credentials Explainer*. Versão 2.2. https://spec.c2pa.org/specifications/specifications/2.2/explainer/Explainer.html.

Competition and Markets Authority (CMA). 2025. *Cloud Services Market Investigation: Summary of Final Decision*. 31 de julho de 2025. https://assets.publishing.service.gov.uk/media/688b20e6ff8c05468cb7b120/summary_of_final_decision.pdf.

Competition and Markets Authority (CMA). 2026a. *Actions on Cloud and Business Software through the UK Digital Markets Competition Regime*. 31 de março de 2026. https://assets.publishing.service.gov.uk/media/69cbb8d52d120d9d5ec0f311/Actions_on_cloud_and_business_software_through_the_UK_digital_markets_competition_regime.pdf.

Competition and Markets Authority (CMA). 2026b. *Microsoft's Business Software Ecosystem*. 14 de maio de 2026. Início da investigação SMS.

https://www.gov.uk/cma-cases/microsofts-business-software-ecosystem.

Court of Justice of the European Union. 2023. *OQ v. Land Hessen (SCHUFA Holding)*. Processo C-634/21, ECLI:EU:C:2023:957, 7 de dezembro de 2023. CELEX 62021CJ0634. https://eur-lex.europa.eu/legal-content/EN/TXT/?uri=CELEX:62021CJ0634.

De Freitas, Julian, Zeliha Oğuz-Uğuralp, Ahmet Kaan Uğuralp, and Stefano Puntoni. 2026. «AI Companions Reduce Loneliness». *Journal of Consumer Research* 52 (6): 1126–1148. https://doi.org/10.1093/jcr/ucaf040.

Doshi, Anil R., and Oliver P. Hauser. 2024. «Generative AI Enhances Individual Creativity but Reduces the Collective Diversity of Novel Content». *Science Advances* 10 (28): eadn5290. https://doi.org/10.1126/sciadv.adn5290.

European Commission. 2025. «General-Purpose AI Code of Practice Now Available». 10 de julho de 2025. Anúncio da publicação da versão final do código voluntário de apoio à conformidade com o AI Act. https://digital-strategy.ec.europa.eu/en/news/general-purpose-ai-code-practice-now-available.

European Commission. 2026a. *Code of Practice on Transparency of AI-Generated Content*. Versão final do código publicada em 10 de junho de 2026; parecer da Comissão de 8 de julho de 2026; avaliação de adequação do AI Board de 9 de julho de 2026. https://digital-strategy.ec.europa.eu/en/library/commission-opinion-assessment-code-practice-transparency-ai-generated-content; https://digital-strategy.ec.europa.eu/en/news/commission-publishes-code-practice-marking-and-labelling-ai-generated-content.

European Commission. 2026b. *The European Digital Identity Wallet Architecture and Reference Framework*. Versão 3.0.0. Especificação técnica e notas de versão, 23 de julho de 2026. Repositório oficial da EU Digital Identity Wallet. A versão 3.0.0 substituiu a versão 2.9.0 de 21 de maio de 2026. https://github.com/eu-digital-identity-wallet/eudi-doc-architecture-and-reference-framework/releases/tag/v3.0.0.

European Commission. 2026c. «Proposal for the Chips Act 2.0». 3 de junho de 2026. https://digital-strategy.ec.europa.eu/en/library/proposal-chips-act-20.

European Commission. n.d.-a. «Article 5: Prohibited AI Practices». AI Act Service Desk. Serviço explicativo que reproduz o AI Act; deve ser lido em conjunto com o Regulamento (UE) 2026/1744 e suas datas de aplicação por etapas. https://ai-act-service-desk.ec.europa.eu/en/ai-act/article-5.

European Commission. n.d.-b. «Article 50: Transparency Obligations for Providers and Deployers of Certain AI Systems». AI Act Service Desk. Serviço explicativo que reproduz o AI Act; deve ser lido em conjunto com o Regulamento (UE) 2026/1744. https://ai-act-service-desk.ec.europa.eu/en/ai-act/article-50.

European Commission. n.d.-c. «Article 53: Obligations for Providers of General-Purpose AI Models». AI Act Service Desk. Serviço explicativo que reproduz o artigo 53 do Regulamento (UE) 2024/1689. https://ai-act-service-desk.ec.europa.eu/en/ai-act/article-53.

European Commission. n.d.-d. «European Chips Act». https://digital-strategy.ec.europa.eu/en/policies/european-chips-act.

European Commission, CORDIS. 2026. «Advanced Space Cloud for European Net Zero Emissions and Data Sovereignty (ASCEND), Grant Agreement 101082517: Periodic Reporting». 14 de janeiro de 2026. https://cordis.europa.eu/project/id/101082517/reporting.

European Data Protection Board (EDPB). 2023. *Guidelines 05/2022 on the Use of Facial Recognition Technology in the Area of Law Enforcement*. Versão 2.0, 26 de abril de 2023. https://www.edpb.europa.eu/system/files/2023-05/edpb_guidelines_202304_frtlawenforcement_v2_en.pdf.

European Parliament and Council of the European Union. 2016. Regulation (EU) 2016/679 of 27 April 2016 on the Protection of Natural Persons with Regard to the Processing of Personal Data and on the Free Movement of Such Data, and Repealing Directive 95/46/EC (General Data Protection Regulation). *Official Journal of the European Union* L 119 (4 de maio de 2016): 1–88. CELEX 32016R0679. https://eur-lex.europa.eu/eli/reg/2016/679/oj/eng.

European Parliament and Council of the European Union. 2017a. Regulation (EU) 2017/745 of 5 April 2017 on medical devices. *Official Journal of the European Union* L 117 (5 de maio de 2017): 1–175. Com as alterações posteriores. CELEX 32017R0745. https://eur-lex.europa.eu/eli/reg/2017/745/oj.

European Parliament and Council of the European Union. 2017b. Regulation (EU) 2017/746 of 5 April 2017 on in vitro diagnostic medical devices. *Official Journal of the European Union* L 117 (5 de maio de 2017): 176–332. Com as alterações posteriores. CELEX 32017R0746. https://eur-lex.europa.eu/legal-content/EN/TXT/?uri=CELEX:32017R0746.

European Parliament and Council of the European Union. 2019. Directive (EU) 2019/790 of 17 April 2019 on copyright and related rights in the Digital Single Market. *Official Journal of the European Union* L 130 (17 de maio de 2019): 92–125. CELEX 32019L0790. https://eur-lex.europa.eu/eli/dir/2019/790/oj/eng.

European Parliament and Council of the European Union. 2022. Regulation (EU) 2022/2065 of 19 October 2022 on a Single Market for Digital Services (Digital Services Act). *Official Journal of the European Union* L 277 (27 de outubro de 2022): 1–102. CELEX 32022R2065. https://eur-lex.europa.eu/legal-content/EN/TXT/?uri=CELEX:32022R2065.

European Parliament and Council of the European Union. 2024a. Directive (EU) 2024/2831 of 23 October 2024 on improving working conditions in platform work. *Official Journal of the European Union* L, 2024/2831 (11 de novembro de 2024). O artigo 29, n.º 1, estabelece 2 de dezembro de 2026 como prazo de transposição. CELEX 32024L2831. https://eur-lex.europa.eu/legal-content/EN/TXT/?uri=CELEX:32024L2831.

European Parliament and Council of the European Union. 2024b. Regulation (EU) 2024/1183 of 11 April 2024 amending Regulation (EU) No 910/2014 as regards establishing the European Digital Identity Framework. *Official Journal of the European Union* L, 2024/1183 (30 de abril de 2024). CELEX 32024R1183. https://eur-lex.europa.eu/legal-content/EN/TXT/HTML/?uri=CELEX:32024R1183.

European Parliament and Council of the European Union. 2024c. Regulation (EU) 2024/1689 of 13 June 2024 laying down harmonised rules on artificial intelligence (Artificial Intelligence Act). *Official Journal of the European Union* L, 2024/1689 (12 de julho de 2024). Com as alterações introduzidas pelo Regulamento (UE) 2026/1744. CELEX 32024R1689. https://eur-lex.europa.eu/legal-content/EN/TXT/?uri=CELEX:32024R1689.

European Parliament and Council of the European Union. 2026. Regulation (EU) 2026/1744 of 8 July 2026 amending Regulations (EU) 2024/1689, (EU) 2018/1139 and (EU) 2023/1230 as regards the simplification of the implementation of harmonised rules on artificial intelligence (Digital Omnibus on AI). *Official Journal of the European Union* L, 2026/1744 (24 de julho de 2026). Entrou em vigor em 27 de julho de 2026. CELEX 32026R1744. https://eur-lex.europa.eu/legal-content/EN/TXT/?uri=CELEX:32026R1744.

European Union Agency for Cybersecurity (ENISA). 2025. *ENISA Threat Landscape 2025*. Versão 1.2, atualizada em 9 de janeiro de 2026. https://doi.org/10.2824/1946374.

European Union Agency for Cybersecurity (ENISA). 2026. *ENISA's View on Cybersecurity in the Frontier AI Era*. 7 de julho de 2026. https://doi.org/10.2824/9549088.

Fitzpatrick, Kathleen Kara, Alison Darcy, and Molly Vierhile. 2017. «Delivering Cognitive Behavior Therapy to Young Adults with Symptoms of Depression and Anxiety Using a Fully Automated Conversational Agent (Woebot): A Randomized Controlled Trial». *JMIR Mental Health* 4 (2): e19. https://doi.org/10.2196/mental.7785.

Garante per la protezione dei dati personali (Garante). n.d. «Eredità digitale [Herança digital]». Guia institucional que reproduz o artigo 2-terdecies do Decreto Legislativo n.º 196/2003, parágrafos 1–5. https://www.garanteprivacy.it/temi/internet-e-nuove-tecnologie/eredita-digitale.

Gmyrek, Paweł, Janine Berg, Karol Kamiński, Filip Konopczyński, Agnieszka Ładna, Balint Nafradi, Konrad Rosłaniec, and Marek Troszyński. 2025. *Generative AI and Jobs: A Refined Global Index of*

Occupational Exposure. ILO Working Paper 140. https://doi.org/10.54394/HETP0387.

Government of Canada. 2019. *Directive on Automated Decision-Making*. Com as alterações posteriores. https://www.tbs-sct.canada.ca/pol/doc-eng.aspx?id=32592.

Hollanek, Tomasz, and Katarzyna Nowaczyk-Basińska. 2024. «Griefbots, Deadbots, Postmortem Avatars: On Responsible Applications of Generative AI in the Digital Afterlife Industry». *Philosophy & Technology* 37: 63. https://doi.org/10.1007/s13347-024-00744-w.

Howe, Jim. 2007. «Artificial Intelligence at Edinburgh University: A Perspective». junho de 2007. School of Informatics, University of Edinburgh. https://www.inf.ed.ac.uk/about/AIhistory.html.

International Energy Agency (IEA). 2025a. *Energy and AI*. https://www.iea.org/reports/energy-and-ai.

International Energy Agency (IEA). 2025b. *Global Critical Minerals Outlook 2025*. https://www.iea.org/reports/global-critical-minerals-outlook-2025.

International Organization for Standardization (ISO). 2006a. *Environmental Management: Life Cycle Assessment, Principles and Framework*. ISO 14040:2006. https://www.iso.org/standard/37456.html.

International Organization for Standardization (ISO). 2006b. *Environmental Management: Life Cycle Assessment, Requirements and Guidelines*. ISO 14044:2006. https://www.iso.org/standard/38498.html.

International Organization for Standardization and International Electrotechnical Commission. 2023. *Information Technology: Artificial Intelligence, Management System*. ISO/IEC 42001:2023. https://www.iso.org/standard/42001.

International Telecommunication Union (ITU), in partnership with the International Cable Protection Committee (ICPC). 2026. *International Advisory Body on Submarine Cable Resilience: Report of the Working Groups 2026*. ISBN 978-92-61-40561-8. https://www.itu.int/dms_pub/itu-s/opb/iab/S-IAB-WG-2026-PDF-E.pdf.

Krizhevsky, Alex, Ilya Sutskever, and Geoffrey E. Hinton. 2012. «ImageNet Classification with Deep Convolutional Neural Networks». *Advances in Neural Information Processing Systems* 25. https://papers.nips.cc/paper_files/paper/2012/hash/c399862d3b9d6b76c8436e924a68c45b-Abstract.html.

McCarthy, John, Marvin L. Minsky, Nathaniel Rochester, and Claude E. Shannon. 2006. «A Proposal for the Dartmouth Summer Research Project on Artificial Intelligence, August 31, 1955». *AI Magazine* 27 (4): 12–14. https://doi.org/10.1609/aimag.v27i4.1904. Proposta original datada de 31 de agosto de 1955; trecho republicado em 2006.

McDermott, Drew, M. Mitchell Waldrop, B. Chandrasekaran, John McDermott, and Roger Schank. 1985. «The Dark Ages of AI: A Panel Discussion at AAAI-84». *AI Magazine* 6 (3): 122–134. https://doi.org/10.1609/aimag.v6i3.494.

Medical Device Coordination Group (MDCG). 2025. *Guidance on Qualification and Classification of Software in Regulation (EU) 2017/745, MDR, and Regulation (EU) 2017/746, IVDR*. 17 de junho de 2025. MDCG 2019-11 rev.1. https://health.ec.europa.eu/document/download/b45335c5-1679-4c71-a91c-fc7a4d37f12b_en.

Miao, Fengchun, and Wayne Holmes. 2023. *Guidance for Generative AI in Education and Research*. UNESCO. https://unesdoc.unesco.org/ark:/48223/pf0000386693.

Minsky, Marvin, and Seymour A. Papert. 1987. *Perceptrons: An Introduction to Computational Geometry*. Edição ampliada. MIT Press. Publicado originalmente em 1969. https://mitpress.mit.edu/9780262631112/perceptrons/.

Murphy, Daniel M., Maya Abou-Ghanem, Daniel J. Cziczo, Karl D. Froyd, Justin Jacquot, Michael J. Lawler, Christopher Maloney, et al. 2023. «Metals from Spacecraft Reentry in Stratospheric Aerosol Particles». *Proceedings of the National Academy of Sciences* 120 (43): e2313374120. https://doi.org/10.1073/pnas.2313374120.

National Institute of Standards and Technology (NIST). 2023a. *Artificial Intelligence Risk Management Framework (AI RMF 1.0)*. janeiro de 2023. NIST AI 100-1. https://doi.org/10.6028/NIST.AI.100-1.

National Institute of Standards and Technology (NIST), CHIPS for America. 2023b. *Vision for Success: Facilities for Semiconductor Materials and Manufacturing Equipment*. 23 de junho de 2023. https://www.nist.gov/document/vision-success-facilities-semiconductor-materials-and-manufacturing-equipment.

Northern Corridor Transit and Transport Coordination Authority (NCTTCA). n.d.-a. «Port of Mombasa». https://www.ttcanc.org/corridor-infrastructure/port-of-mombasa/.

Northern Corridor Transit and Transport Coordination Authority (NCTTCA). n.d.-b. «Who We Are». https://www.ttcanc.org/about-us/who-we-are/.

Öhman, Carl, and Luciano Floridi. 2018. «An Ethical Framework for the Digital Afterlife Industry». *Nature Human Behaviour* 2: 318–320. https://doi.org/10.1038/s41562-018-0335-2.

OpenAI. 2022. «Introducing ChatGPT». 30 de novembro de 2022. https://openai.com/index/chatgpt/.

OpenID Foundation, Digital Credentials Protocols Working Group. 2025a. *OpenID for Verifiable Credential Issuance 1.0*. Especificação final, 16 de setembro de 2025. https://openid.net/specs/openid-4-verifiable-credential-issuance-1_0.html.

OpenID Foundation, Digital Credentials Protocols Working Group. 2025b. *OpenID for Verifiable Presentations 1.0*. Especificação final, 9 de julho de 2025. https://openid.net/specs/openid-4-verifiable-presentations-1_0.html.

Parasuraman, Raja, and Victor Riley. 1997. «Humans and Automation: Use, Misuse, Disuse, Abuse». *Human Factors* 39 (2): 230–253. https://doi.org/10.1518/001872097778543886.

Rosenblatt, Frank. 1958. «The Perceptron: A Probabilistic Model for Information Storage and Organization in the Brain». *Psychological Review* 65 (6): 386–408. https://doi.org/10.1037/h0042519.

Rumelhart, David E., Geoffrey E. Hinton, and Ronald J. Williams. 1986. «Learning Representations by Back-Propagating Errors». *Nature* 323 (6088): 533–536. https://doi.org/10.1038/323533a0.

Schwartz, Reva, Apostol Vassilev, Kristen Greene, Lori Perine, Andrew Burt, and Patrick Hall. 2022. *Towards a Standard for Identifying and*

Managing Bias in Artificial Intelligence. NIST Special Publication 1270. National Institute of Standards and Technology. Corrigido em 24 de março de 2022. https://doi.org/10.6028/NIST.SP.1270.

Shehabi, Arman, Sarah Josephine Smith, Alex Hubbard, Alexander Newkirk, Nuoa Lei, Md AbuBakar Siddik, Billie Holecek, Jonathan G. Koomey, Eric R. Masanet, and Dale A. Sartor. 2024. *2024 United States Data Center Energy Usage Report*. Lawrence Berkeley National Laboratory. https://doi.org/10.71468/P1WC7Q.

Starcloud. n.d. «Starcloud-1». https://www.starcloud.com/starcloud-1.

Temoshok, David, Diana Proud-Madruga, Yee-Yin Choong, Ryan Galluzzo, Sarbari Gupta, Connie LaSalle, Naomi Lefkovitz, and Andrew Regenscheid. 2025. *Digital Identity Guidelines*. NIST Special Publication 800-63-4. National Institute of Standards and Technology. julho de 2025. https://doi.org/10.6028/NIST.SP.800-63-4.

Turing, Alan M. 1950. «Computing Machinery and Intelligence». *Mind* 59 (236): 433–460. https://doi.org/10.1093/mind/LIX.236.433.

Turpin, Miles, Julian Michael, Ethan Perez, and Samuel R. Bowman. 2023. «Language Models Don't Always Say What They Think: Unfaithful Explanations in Chain-of-Thought Prompting». Artigo da conferência NeurIPS 2023, manuscrito dos autores, arXiv:2305.04388v2. https://arxiv.org/abs/2305.04388v2.

Turyshev, Slava G. 2026. *Orbital Data Centers: Spacecraft Constraints and Economic Viability*. Preprint, arXiv:2604.27197v1, 29 de abril de 2026. https://doi.org/10.48550/arXiv.2604.27197.

U.S. Bureau of Industry and Security (BIS). 2026a. «Extension of Authorized Integrated Circuit (IC) Designer Status and Application Deadline to Become an Approved IC Designer». Regra final, em vigor desde 7 de abril de 2026. *Federal Register* 91 (9 de abril de 2026): 17851–17852. https://www.govinfo.gov/content/pkg/FR-2026-04-09/html/2026-06851.htm.

U.S. Bureau of Industry and Security (BIS). 2026b. *Guidance Regarding Enforcement of License Requirements for Advanced Computing Items for Entities Headquartered in Country Group D:5 and Macau*. 31 de maio de 2026. https://www.bis.gov/media/documents/bis-guidance-may-31-2026.pdf.

U.S. Bureau of Industry and Security (BIS). 2026c. «Revision to License Review Policy for Advanced Computing Commodities». Regra final. *Federal Register* 91 (15 de janeiro de 2026): 1684. https://www.federalregister.gov/documents/2026/01/15/2026-00789/revision-to-license-review-policy-for-advanced-computing-commodities.

U.S. Federal Trade Commission (FTC). 2025. «FTC Launches Inquiry into AI Chatbots Acting as Companions». setembro de 2025. https://www.ftc.gov/news-events/news/press-releases/2025/09/ftc-launches-inquiry-ai-chatbots-acting-companions.

U.S. Geological Survey (USGS). 2019. «Water-Use Terminology». 27 de fevereiro de 2019. https://www.usgs.gov/mission-areas/water-resources/science/water-use-terminology.

U.S. Geological Survey (USGS). 2026. *Mineral Commodity Summaries 2026*. https://doi.org/10.3133/mcs2026.

U.S. Government Accountability Office (GAO). 2022. *Semiconductor Supply Chain: Policy Considerations from Selected Experts for Reducing Risks and Mitigating Shortages*. 26 de julho de 2022. GAO-22-105923. https://www.gao.gov/products/gao-22-105923.

UN Trade and Development (UNCTAD). 2025. *Technology and Innovation Report 2025: Inclusive Artificial Intelligence for Development*. United Nations. https://unctad.org/publication/technology-and-innovation-report-2025.

United Nations Children's Fund (UNICEF). 2026. *When AI Becomes a Friend: Child Rights Risks, Harms, and Regulatory Responses to AI Chatbots and Companions*. junho de 2026. Síntese de políticas. https://www.unicef.org/documents/when-ai-becomes-friend-child-rights-risks.

United Nations Children's Fund (UNICEF), Innocenti. 2025. *Guidance on AI and Children*. Versão 3.0. https://www.unicef.org/innocenti/reports/policy-guidance-ai-children.

United Nations General Assembly. 2021. *Developments in the Field of Information and Telecommunications in the Context of International Security: Note by the Secretary-General*. 18 de março de 2021.

A/75/816, Anexo I, Final Substantive Report of the Open-ended Working Group. https://docs.un.org/en/A/75/816.

Vaswani, Ashish, Noam Shazeer, Niki Parmar, Jakob Uszkoreit, Llion Jones, Aidan N. Gomez, Łukasz Kaiser, and Illia Polosukhin. 2017. «Attention Is All You Need». *Advances in Neural Information Processing Systems* 30. https://papers.nips.cc/paper_files/paper/2017/hash/3f5ee243547dee91fbd053c1c4a845aa-Abstract.html.

Weizenbaum, Joseph. 1966. «ELIZA, a Computer Program for the Study of Natural Language Communication between Man and Machine». *Communications of the ACM* 9 (1): 36–45. https://doi.org/10.1145/365153.365168.

Wilson, Andrew R., Massimiliano Vasile, Christie Maddock, and Keith Baker. 2023. «Implementing Life Cycle Sustainability Assessment for Improved Space Mission Design». *Integrated Environmental Assessment and Management* 19 (4): 1002–1022. https://doi.org/10.1002/ieam.4722.

World Health Organization (WHO). 2021. *Ethics and Governance of Artificial Intelligence for Health: WHO Guidance*. World Health Organization. https://www.who.int/publications/i/item/9789240029200.

World Health Organization (WHO). 2023. *Regulatory Considerations on Artificial Intelligence for Health*. World Health Organization. https://www.who.int/publications/i/item/9789240078871.

World Health Organization (WHO). 2024. *Ethics and Governance of Artificial Intelligence for Health: Guidance on Large Multi-Modal Models*. World Health Organization. https://www.who.int/publications/i/item/9789240084759.

World Health Organization (WHO). 2025a. *From Loneliness to Social Connection: Charting a Path to Healthier Societies*. Relatório da Comissão da OMS sobre Conexão Social. https://www.who.int/groups/commission-on-social-connection/report.

World Health Organization (WHO). 2025b. «Mental Health of Adolescents». 1 de setembro de 2025. https://www.who.int/news-room/fact-sheets/detail/adolescent-mental-health.

World Health Organization (WHO). 2026. *Artificial Intelligence and Evidence-Informed Policy: Emerging Challenges and Opportunities: Discussion Paper*. B09667. https://www.who.int/publications/i/item/B09667.

World Health Organization (WHO), Regional Office for Europe. 2026. *Artificial Intelligence Is Reshaping Health Systems: State of Readiness across the European Union*. WHO/EURO:2026-12707-52481-81471. https://www.who.int/europe/publications/i/item/WHO-EURO-2026-12707-52481-81471.

World Wide Web Consortium (W3C), Verifiable Credentials Working Group. 2025a. *Securing Verifiable Credentials Using JOSE and COSE*. Recomendação W3C, 15 de maio de 2025. https://www.w3.org/TR/2025/REC-vc-jose-cose-20250515/.

World Wide Web Consortium (W3C), Verifiable Credentials Working Group. 2025b. *Verifiable Credential Data Integrity 1.0*. Recomendação W3C, 15 de maio de 2025. https://www.w3.org/TR/2025/REC-vc-data-integrity-20250515/.

World Wide Web Consortium (W3C), Verifiable Credentials Working Group. 2025c. *Verifiable Credentials Data Model v2.0*. Recomendação W3C, 15 de maio de 2025. https://www.w3.org/TR/2025/REC-vc-data-model-2.0-20250515/.

Yaga, Dylan, Peter Mell, Nik Roby, and Karen Scarfone. 2018. *Blockchain Technology Overview*. NIST Interagency/Internal Report 8202. National Institute of Standards and Technology. outubro de 2018. https://doi.org/10.6028/NIST.IR.8202.

Leituras complementares

Estas obras ampliam o percurso histórico, político e filosófico do livro. Salvo quando também constam da Bibliografia documental, não constituem fontes das afirmações factuais ou jurídicas do livro.

Bostrom, Nick. 2014. *Superintelligence: Paths, Dangers, Strategies*. Oxford University Press.

Christian, Brian. 2020. *The Alignment Problem: Machine Learning and Human Values*. W. W. Norton & Company.

Crawford, Kate. 2021. *Atlas of AI: Power, Politics, and the Planetary Costs of Artificial Intelligence*. Yale University Press.

Eubanks, Virginia. 2018. *Automating Inequality: How High-Tech Tools Profile, Police, and Punish the Poor*. St. Martin's Press.

Floridi, Luciano. 2014. *The Fourth Revolution: How the Infosphere Is Reshaping Human Reality*. Oxford University Press.

IBM. n.d. «Deep Blue». IBM History. https://www.ibm.com/history/deep-blue.

O'Neil, Cathy. 2016. *Weapons of Math Destruction: How Big Data Increases Inequality and Threatens Democracy*. Crown.

Russell, Stuart. 2019. *Human Compatible: Artificial Intelligence and the Problem of Control*. Viking.

Zuboff, Shoshana. 2019. *The Age of Surveillance Capitalism: The Fight for a Human Future at the New Frontier of Power*. PublicAffairs.

O AUTOR, A EDITORA E OS RECURSOS ONLINE

RECURSOS ADICIONAIS PARA 2050

Acesse a ficha preenchível do Teste 2050, o protocolo avançado de teste com dois sistemas, o registro completo do caso de Davide, o glossário integral, a cronologia essencial, o mapa temático e os links para as fontes documentais.

www.corneritaliano.com/pt-br/2050/recursos

O AUTOR E A EDITORA

Marco De Prosperis é o autor de 2050 A IA e o que nos torna humanos.

Para saber mais sobre o livro, conhecer o autor e descobrir outras publicações da Corner Italiano LLC, escaneie o código QR ou visite o site oficial:

www.corneritaliano.com/pt-br

Corner Italiano LLC

www.ingramcontent.com/pod-product-compliance
Lightning Source LLC
LaVergne TN
LVHW100201061126
851857LV00010B/363

* 9 7 9 8 9 9 7 2 5 6 6 8 5 *